U0379498

"十二五"职业教育国家规划立项教材

机械CAD/CAM
（Mastercam）

主　编　顾国强

副主编　徐春艳　黄荣金

参　编　陆浩刚　唐成荣

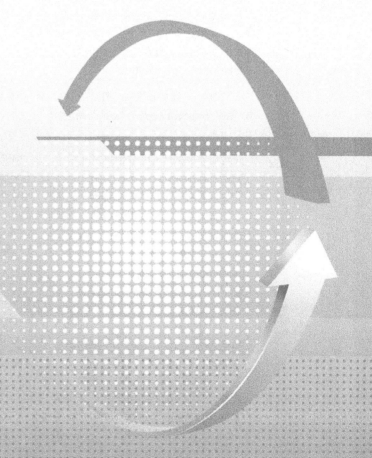

机械工业出版社
CHINA MACHINE PRESS

本书是经全国职业教育教材审定委员会审定的"十二五"职业教育国家规划教材，是根据教育部最新公布的职业院校机械类专业教学标准，同时参考数控铣床职业资格标准编写的。

本书根据当前机械 CAD/CAM 技术的发展和企业的实际使用情况，主要从职业院校的实际教学特点出发，选择 Mastercam X7 中文版作为 CAD/CAM 的教学应用软件。本书采用项目式教学，由浅入深，图文并茂，通过大量的实例使学生快速入门，掌握 Mastercam 的曲面造型、实体造型及常见二维加工方法，最后达到数控铣床中级工考核要求。

本书可作为职业学校机械类专业教材，也可作为数控铣床岗位培训教材。

为便于教学，本书配套有电子课件等教学资源，选择本书作为教材的教师可来电（010-88379197）索取，或登录 www.cmpedu.com 网站，注册、免费下载。

图书在版编目（CIP）数据

机械 CAD/CAM：Mastercam/顾国强主编. —北京：机械工业出版社，2016.7（2023.1 重印）

"十二五"职业教育国家规划教材

ISBN 978-7-111-53620-8

Ⅰ.①机⋯ Ⅱ.①顾⋯ Ⅲ.①机械设计-计算机辅助设计-中等专业学校-教材②机械制造-计算机辅助制造-中等专业学校-教材 Ⅳ.①TH122②TH164

中国版本图书馆 CIP 数据核字（2016）第 084972 号

机械工业出版社（北京市百万庄大街 22 号 邮政编码 100037）

策划编辑：王佳玮 责任编辑：王莉娜 黎 艳 责任校对：杜雨霏

封面设计：张 静 责任印制：单爱军

北京虎彩文化传播有限公司印刷

2023 年 1 月第 1 版第 7 次印刷

184mm×260mm・17 印张・418 千字

标准书号：ISBN 978-7-111-53620-8

定价：49.00 元

电话服务 网络服务

客服电话：010-88361066 机 工 官 网：www.cmpbook.com

010-88379833 机 工 官 博：weibo.com/cmp1952

010-68326294 金 书 网：www.golden-book.com

封底无防伪标均为盗版 机工教育服务网：www.cmpedu.com

前　言

本书是根据教育部关于职业教育专业技能课教材选题立项的相关文件，由全国机械职业教育教学指导委员会和机械工业出版社联合组织编写的"十二五"职业教育国家规划教材，是根据教育部最新公布的职业院校机械类专业教学标准，同时参考数控铣床职业资格标准编写的。

本书主要介绍 Mastercam 软件的基本应用，重点强调培养学生利用该软件进行造型及二维机械零件数控编程与加工的能力，编写过程中力求体现以下的特色。

（1）执行新标准　本书依据最新教学标准和课程大纲要求，对接职业标准和岗位需求，选用最新版本的 CAD/CAM 软件进行教学。

（2）体现新模式　本书采用理实一体化的编写模式，采用项目式教学，由浅入深，图文并茂，通过大量的实例，突出"做中教，做中学"的职业教育特色。

（3）力求新突破　本教材组织职业院校多年从事机械 CAD/CAM 教学的一线教师，从职业院校的实际教学特点出发，从学生的实际学习及应用能力出发，结合当前的教学改革，以企业需求为主体，以实际应用为目的，以提高学生的就业能力为主线进行编写。

本书在内容处理上主要有以下几点说明：①项目 1 作为一个快速入门的项目，内容较多，主要为了提高学生的学习兴趣，教学中可根据实际情况展开，或采取自学等形式进行学习。②项目 6 要求学生具有一定的数控铣床编程与操作基础。③本书建议学时为 40，学时分配建议见下表。

项目序号	项目内容	建议学时	项目序号	项目内容	建议学时
项目 1	认识 Mastercam	4	项目 5	常见二维加工	8
项目 2	线架造型	6	项目 6	职业技能鉴定应用实例	8
项目 3	曲面造型	8	合　计		40
项目 4	实体造型	6			

全书共 6 个项目，由江苏省无锡交通高等职业技术学校顾国强主编。具体分工如下：陆浩刚编写项目 1，徐春艳编写项目 2 和项目 3，唐成荣编写项目 4、顾国强编写绪论和项目 5，黄荣金编写项目 6。本书经全国职业教育教材审定委员会审定，评审专家对本书提出了宝贵的建议，在此对他们表示衷心的感谢！编写过程中，编者参阅了国内出版的有关教材和资料，在此一并表示衷心感谢！

由于编者水平有限，书中不妥之处在所难免，恳请读者批评指正。

编　者

目　录

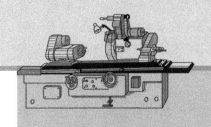

绪 论

随着人们生活水平的提高，消费者的价值观正在发生结构性变化，呈现多样化和个性化特征，用户对各类产品的质量，产品更新换代的速度，产品从设计、制造，到投放市场的周期都提出了越来越高的要求，为了适应这种变化，企业的产品也向着多品种小批量方向发展，CAD/CAM 技术是近 30 年来迅速发展并得到广泛应用的综合性计算机和制造自动化应用技术，它从根本上改变了过去从设计到产品的整个生产过程中的技术管理和工作方式，给设计和制造领域带来了深刻变革，其发展与应用程度已经成为一个国家科技进步和工业现代化水平的重要标志。

一、CAD/CAM 技术的产生

CAD（计算机辅助设计）/CAM（计算机辅助制造）技术是随着计算机技术的发展而发展起来的，CAD/CAM 系统在其形成和发展过程中，针对不同的应用领域、用户需求和技术环境，表现出不同的发展水平和构造模式。CAD 和 CAM 两项技术虽然几乎是同时诞生的，但在相当长的时间里却是按照各自的轨迹独立地发展起来的。

（一）CAD 技术的发展

CAD 技术的发展大体经历了四个阶段：

1. 形成阶段

1950 年，美国麻省理工学院采用阴极射线管（CRT）研制成功图形显示终端，实现了图形的屏幕显示，从此结束了计算机只能处理字符数据的历史，并在此基础上，孕育出一门新兴学科——计算机图形学。

2. 发展阶段

20 世纪 50 年代后期，出现了光笔，从此开始了交互式绘图的历史。

20 世纪 60 年代初，屏幕菜单指点、功能键操作、光笔定位、图形动态修改等交互绘图技术相继出现。1962 年，美国人 Ivan Sutherland 开发出第一个交互式图形系统——Sketchpad。此后，相继出现了一大批商品化 CAD 软件系统。但是由于显示器价格昂贵，CAD 系统很难推广。直到 20 世纪 60 年代末期，显示技术有了突破，显示器价格大幅度下降，CAD 系统的性能价格比大大提高，CAD 用户开始以每年 30% 的速度逐年递增。

在显示技术发展的同时，计算机图形学也得到了很大发展，整个 20 世纪 70 年代，以二维绘图和三维线框图形为主的 CAD 系统形成主流。

3. 成熟阶段

第一个实体造型（Solid Modeling）试验系统诞生于 1973 年，第一代实体造型软件于 1978 年推向市场，20 世纪八九十年代，实体造型技术成为 CAD 技术发展的主流，并走向成熟，出现了一批以三维实体造型为核心的 CAD 软件系统。实体造型技术的发展和应用大大拓宽了 CAD 技术的应用领域。

4. 集成阶段

CAD、CAM 各自对设计过程和制造过程所产生的巨大推动作用已被认同，加之设计和制造自动化的需求，集成化 CAD/CAM 系统的出现是自然而然的事。到了 20 世纪 90 年代，几乎所有的 CAD/CAM 系统都通过自行开发或购买配套模块的方式实现了系统集成。

（二）CAM 技术的发展

CAM 技术的发展主要是在数控编程和计算机辅助工艺过程规划两个方面。其中的数控编程主要是发展自动编程技术。这种编程技术是由编程人员将加工部位和加工参数以一种限定格式的语言（自动编程语言）写成所谓源程序，然后由专门的软件转换成数控程序。1955 年，美国麻省理工学院伺服机构实验室公布了 APT（Automatically Programmed Tools）系统。在该系统基础上，后来又发展成 APTⅢ、APT-IV。20 世纪 60 年代初，西欧开始引入数控技术。

经过几十年的发展，以 APT 语言为代表的数控加工编程方法已经非常成熟，甚至当今最好的 CAD/CAM 系统也还带有 APT 源程序输出功能，将 CAD 数据传递给 APT 系统进行处理，并产生机床数控指令。

随着计算机技术、CAD 技术的发展，数控编程开始向交互式图形编程过渡。借助 CAD 图形，以人机交互的方式将有关工艺路线及参数输入编程系统，再由系统生成数控加工信息。与批处理式的语言编程相比，此种编程方式是很大进步。目前绝大多数商品化 CAD/CAM 系统中，数控编程都采用此方式，如 UGII、EUCLID、Intergraph、CV、I-DEAS 等。

20 世纪 70 年代后，人们开发出面向图形的数控编程系统 GNC，它作为面向产品制造的应用系统，得到了迅速的发展和推广。它将几何造型、图形显示、数控编程和后置处理等功能模块有机地结合在一起，有效地解决了编程数据的来源问题，有利地推动了 CAD、CAM 技术向着一体化和集成化的方向发展。

二、CAD/CAM 功能及应用

（一）CAD/CAM 的功能

由于 CAD/CAM 所处理的对象不同，对硬件的配置、选型不同，所选择的支撑软件不同，所以，对系统功能的要求也会有所不同，但 CAD/CAM 系统基本功能与主要任务基本相似，大体如下。

1. 图形显示功能

CAD/CAM 是一个人机交互的过程，从产品的造型、构思、方案确定、结构分析，到加工过程的仿真，系统随时保证用户能够观察、修改中间结果，实时编辑处理。用户的每一次操作，都能从显示器上及时得到反馈，直到取得最佳的设计结果。图形显示功能不仅能够对二维平面图形进行显示控制，还应当包含三维实体的处理。

2. 输入/输出功能

在 CAD/CAM 系统运行中，用户需不断地将有关设计的要求、各步骤的具体数据等输入计算机内，通过计算机的处理，能够输出系统处理的结果，且输入输出的信息既可以是数值的，也可以是非数值的（如图形数据、文本、字符等）。

3. 存储功能

由于 CAD/CAM 系统运行时数据量很大，往往有很多算法生成大量的中间数据，尤其是对图形的操作、交互式的设计以及结构分析中网格划分等。为了保证系统能够正常地运行，CAD/CAM 系统必须配置容量较大的存储设备，支持数据在模块运行时的正确流通。另外，工程数据库系统的运行也必须有存储空间的保障。

4. 交互功能（人机接口）

在 CAD/CAM 系统中，人机接口是用户与系统连接的桥梁。友好的用户界面是保证用户直接而有效地完成复杂设计任务的必要条件，除软件中界面设计外，还必须有交互设备实现人与计算机之间的通信。

（二）CAD/CAM 的应用

1. CAD/CAM 技术应用的必要性和迫切性

据统计，机械制造领域的设计工作有 56% 属于适应性设计，20% 属于参数化设计，只有 24% 属于创新设计。某些标准化程度高的领域，参数化设计达到 50% 左右。因此，使设计方法及设计手段科学化、系统化、现代化，实现 CAD 是非常必要的。

2. CAD/CAM 技术的应用

CAD/CAM 系统充分发挥计算机及其外围设备的能力，将计算机技术与工程领域中的专业技术结合起来，实现产品的设计、制造，这已成为新一代生产及技术发展的核心技术。

随着计算机硬件和软件的不断发展，CAD/CAM 系统的性能价格比不断提高，使得 CAD/CAM 技术的应用领域也不断扩大。

航空航天、造船、机床制造都是国内外应用 CAD/CAM 技术较早的工业部门。首先是用于飞机、船体、机床零部件的外形设计；然后进行一系列的分析计算，如结构分析、优化设计、仿真模拟；最后，根据 CAD 的几何数据与加工要求生成数据加工程序。机床行业应用 CAD/CAM 系统进行模块化设计，实现了对用户特殊要求的快速响应制造，缩短了设计制造周期，提高了整体质量。电子工业应用 CAD/CAM 技术进行印制电路板生产，以及不采用 CAD/CAM 根本无法实现的集成电路生产。在土木建筑领域，引入 CAD 技术，可节约方案设计时间约 90%，投标时间 30%，重复绘制作业费 90%。除此之外，CAD 技术还可用于轻纺服装行业的花纹图案与色彩设计、款式设计、排料放样及衣料裁剪；人文地质领域的地理图、地形图、矿藏勘探图、气象图、人口分布密度图以及有关的等值线图、等位面图的绘制；电影、电视中动画片及特技镜头的制作等许多方面。

三、CAD/CAM 技术基本概念

计算机的出现和发展，实现了将人类从脑力劳动中解放出来的愿望。早在三四十年前，计算机就已作为重要的工具，辅助人类承担一些单调、重复的劳动，如辅助数控编程、工程图样绘制等。在此基础上逐渐出现了计算机辅助设计（CAD）、计算机辅助工艺过程设计

（CAPP）和计算机辅助制造（CAM）等概念。

1. CAD（Computer Aided Design，计算机辅助设计）

计算机辅助设计是运用计算机软件制作并模拟实物设计，展现新开发商品的外型、结构、色彩、质感等特色。随着技术的不断发展，计算机辅助设计应该不仅仅适用于工业，还被广泛运用于平面印刷出版等诸多领域。

工程技术人员以计算机为辅助工具来完成产品设计过程中的各项工作，如草图绘制、零件设计、装配设计、工程分析等，并达到提高产品设计质量、缩短产品开发周期、降低产品成本的目的。

2. CAPP（Computer Aided Process Planning，计算机辅助工艺过程设计）

计算机辅助工艺过程设计是一种将企业产品设计数据转换为产品制造数据的技术，通过这种计算机技术，辅助工艺设计人员完成从毛坯到成品的设计。CAPP 系统的应用将为企业数据信息的集成打下坚实的基础。

工艺人员借助于计算机，根据产品设计阶段给出的信息和产品制造工艺要求，交互地或自动地确定产品加工方法和方案，如加工方法选择、工艺路线确定、工序设计等。

3. CAM（Computer Aided Manufacturing，计算机辅助制造）

其核心是计算机数值控制（简称数控），是将计算机应用于制造生产过程的过程或系统。

计算机辅助制造有广义和狭义两种定义。广义 CAM 是指借助计算机来完成从生产准备到产品制造出来整个过程中的各项活动，包括工艺过程设计（CAPP）、工装设计、计算机辅助数控加工编程、生产作业计划、制造过程控制、质量检测与分析等。狭义 CAM 是指 NC 程序编制，包括刀具路径规划、刀位文件生成、刀具轨迹仿真及 NC 代码生成等。

4. CAD/CAM 集成系统

CAD/CAM 集成系统以计算机硬件、软件为支持环境，能通过各个功能、模块（分系统）实现对产品的描述、计算、分析、优化、绘图、工艺规程设计、仿真，以及 NC 加工。而广义的 CAD/CAM 系统应包括生产规划、管理、质量控制等方面。这些部分以不同的形式组合集成就构成各种类型的系统。

四、常用 CAD/CAM 软件介绍

在机械行业常用的 CAD/CAM 软件主要分为以下两大类（表0-1）：

1）二维平面设计：AutoCAD、CAXA 电子图板、高华 CAD、开目 CAD、机械工程师 CAD 等。

2）三维立体设计：UG、PRO/E、CAXA、SolidWorks、SolidEdge、MasterCAM、CATIA、Inventor 等。

表 0-1 CAD/CAM 软件的分类

CAD/CAE/CAM 系统	一体化的 CAD/CAE/CAM 系统	相对独立的 CAD/CAE/CAM 系统
典型 CAD/CAE/CAM 系统	UG、Pro/ENGINEER、CATIA	SolidWorks、SolidEdge、MasterCAM、Moldflow、Ansys、Cimtron、Powermill、Inventor
特点	模块集成、功能强大、复杂	独立加工功能、上手快

1. UG NX

Unigraphics（UG）是西门子（SIEMENS）公司开发的 CAD/CAE/CAM 一体化软件。广泛应用于航空航天、汽车、通用机械及模具等领域。国内外已有许多科研院所和厂家选择了 UG 作为企业的 CAD/CAM 系统。UG 可运行于 Windows 平台，无论装配图还是零件图设计，都从三维实体造型开始，可视化程度很高。三维实体生成后，可自动生成二维视图，如三视图、轴侧图、剖视图等。其三维 CAD 是参数化的，一个零件尺寸修改，可致使相关零件的变化。UG NX8 界面如图 0-1 所示。

图 0-1　UG NX8

2. Pro/ENGINEER

Pro/ENGINEER 是美国参数技术公司（PTC）开发的 CAD/CAM 软件，自 1988 年问世以来，该软件不断发展和完善，目前已是世界上最为普及的 CAD/CAM/CAE 软件之一，基本上成为三维 CAD 的一个标准平台，在我国也有较多用户。其界面如图 0-2 所示。

3. CATIA

CATIA（图 0-3）最早是由法国达索飞机公司研制的，目前属于 IBM 公司，是一个高档 CAD/CAM/CAE 系统，广泛用于航空、汽车等领域。它采用特征造型和参数化造型技术，允许自动指定或由用户指定参数化设计、几何或功能化约束的变量式设计。根据其提供的 3D 线架，用户可以精确地建立、修改与分析 3D 几何模型。其曲面造型功能包含了高级曲面设计和自由外形设计，用于处理复杂的曲线和曲面定义，并有许多自动化功能，包括分析工具，加速了曲面设计过程。

图 0-2　Pro/ENGINEER

图 0-3　CATIA

4. Mastercam

由于价格便宜，Mastercam 是一种应用广泛的中低档 CAD/CAM 软件，由美国 CNC Software 公司开发，V5.0 以上运行于 Windows 系统。该软件三维造型功能稍差，但操作简便实用，容易学习。新的加工任选项使用户具有更大的灵活性，如多曲面径向切削和将刀具轨迹投影到数量不限的曲面上等功能。这个软件还包括新的 C 轴编程功能，可顺利将铣削和车削结合。其他功能，如直径和端面切削、自动 C 轴横向钻孔、自动切削与刀具平面设定等，有助于高效的零件生产。其后处理程序支持铣削、车削、线切割、激光加工以及多轴加工。

另外，Mastercam 提供多种图形文件接口，如 SAT、IGES、VDA、DXF、CADL 以及 STL 等。其界面如图 0-4 所示。

5. CAXA 制造工程师

是由我国北京数码大方科技有限公司研制开发的全中文、面向数控铣床和加工中心的三维 CAD/CAM 软件。它基于微机平台，采用原创 Windows 菜单和交互方式，全中文界面，便于轻松地学习和操作。它全面支持图标菜单、工具条、快捷键。用户还可以自由创建符合自己习惯的操作环境。它既具有线框造型、曲面造型和实体造

图 0-4　Mastercam X7

型的设计功能，又具有生成二至五轴的加工代码的数控加工功能，可用于加工具有复杂三维曲面的零件。其特点是易学易用，价格较低，已在国内众多企业和研究院所得到应用。其界面如图 0-5 所示。

图 0-5　CAXA 制造工程师 2008

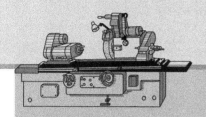

项目1

认识Mastercam

【学习目标】

通过本项目工作任务的学习，快速认识该软件各模块的用途。

（1）熟悉 Mastercam 操作界面的构成。

（2）了解 Mastercam 工作环境的设置。

（3）掌握 Mastercam 基本操作与技巧。

任务1　　Mastercam 概况及工作界面

【任务描述】

根据要求在 Mastercam 中对图 1-1 所示杯盖进行实体造型。

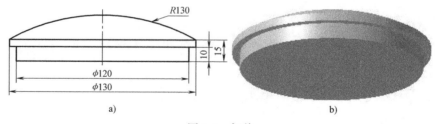

a)　　　　　　　　　　　　　　　b)

图 1-1　杯盖

【任务分析】

图 1-1 所示的杯盖为回转体零件，应采用旋转实体的造型方法。

【知识链接】

学习软件的第一步是认识操作界面。只有对界面熟悉，才能掌握软件的操作。第一次启动 Mastercam X7，其界面如图 1-2 所示，它的整个工作界面环境包括标题栏、菜单栏、工具栏、状态栏、操作管理器、属性状态栏、绘图区等。

1. 标题栏

标题栏显示了软件名称、当前所使用的模块、当前打开文件的路径及文件名称。

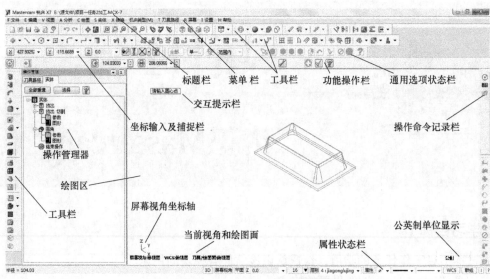

图 1-2　Mastercam X7 操作界面

2. 菜单栏

菜单栏包含了从设计到加工及环境设置等用到的所有命令。各菜单使用方法将在后续任务中介绍。

3. 工具栏

工具栏中每一个按钮都可以在菜单栏中找到相对应的命令。按钮可以根据需要由用户自定义，如图 1-3 所示。

图 1-3　自定义对话框

4. 绘图区

绘图区主要用于创建、编辑、显示几何图形，产生刀具轨迹和模拟加工的区域。在其中单击鼠标右键会弹出快捷菜单，可以操作视图、抓取点及去除颜色。

在图形区的左下角，还显示了坐标系图标、屏幕视角、WCS，以及绘图平面目前所处的状态。绘图区的右下角显示了绘图的标尺和单位，标尺所代表的长度随视图的缩放而变化。

5. 操控板、通用选项状态栏及属性状态栏

操控板位于工具栏的下方，主要用于提示下一步操作，或系统所处的状态等，如图1-4所示。

图1-4　操控板

通用选项状态栏一般位于操控板下方，如图1-5所示为选择【三点画圆】命令时的状态栏。

图1-5　三点画圆命令状态栏

属性状态栏位于绘图区下方，主要包括视角选择、构图面设置、Z轴设置、图层设置、颜色设置、图素属性设置、群组设定等，如图1-6所示。

| 3D | 屏幕视角 平面 Z | 0 ▼ | 10 ▼ | 层别 1 | ▼ | 属性 ✶ ▼ ——— ▼ ▼ | WCS | 群组 |

图1-6　属性状态栏

6. 操作管理器

操作管理器相当于其他软件的特征设计管理器，包括两个标签页，分别为：【刀具路径】和【实体】。

7. 视图的移动、放大与缩小及观察视角

移动视图可以直接按键盘中的上、下、左、右按键进行视图左右及上下移动。放大和缩小视图可以直接滚动鼠标中间的滚轮来进行，也可直接利用视图操作按钮或在绘图区单击鼠标右键选择相应功能实现移动、放大和缩小及旋转等观察，如图1-7和1-8所示。

图1-7　视图操作按钮

8. 文件管理

（1）新建文件　系统启动后，会自动创建一个新文件；用户也可通过菜单命令或工具栏中按钮来创建一个新文件。

（2）打开文件　选择菜单命令或工具栏中相应按钮，即可打开文件，图1-9所示为【打开】对话框。

（3）保存文件　文件的存储在【文件】菜单中分为【保存】、【另存文件】、【部分保存】三种类型。在操作时为了避免发生意外而中断操作，应对操作文件及时保存。

（4）合并文件　合并文件指将 MCX 或其他类型文件插入到当前文件中，可以对插入文件的图素进行合理的放置、缩放、旋转、镜像和复制等。但插入文件对象（如刀具路径等）不能插入。

（5）输入/输出文件　输入/输出文件是将不同格式的文件进行相互转换，输入是将其他格式的文件转化为 MCX 格式的文件，输出是将 MCX 格式的文件转换为其他格式的文件。

9. 设置网格和系统配置

（1）设置网格　通过【屏幕】|【网格设置】命令来设置网格，便于几何图形的绘制。

（2）系统配置　参数设置分为局部设置和全局设置，局部设置只影响局部操作，全局设置对系统会产生全局影响。选择【设置】|【系统配置】，弹出【系统配置】对话框，如图1-10所示，用户可以根据需要对系统默认的部分参数选项进行修改，共有 24 项。

图1-8　右击快捷菜单

图1-9　打开对话框

10. Mastercam 的操作/控制方法

Mastercam 是使用鼠标与键盘输入来操作的。

鼠标的左键一般用于选择命令或图素，鼠标的右键则根据不同的命令出现相对应的快捷菜单功能。

键盘可以用来输入快捷命令、文字或数字等。注意，当以坐标形式输入时，有几种有效的输入方式。如要输入坐标（8，－10，5）可以使用卜面三种输入方式：①（8，－10，5）；②（X8Y-10Z5）；③［X(20-12)Y-10Z(22-12)/2］。

选择命令时，除了用鼠标选取外，也可使用键盘输入每个命令后边括号里的英文字母，

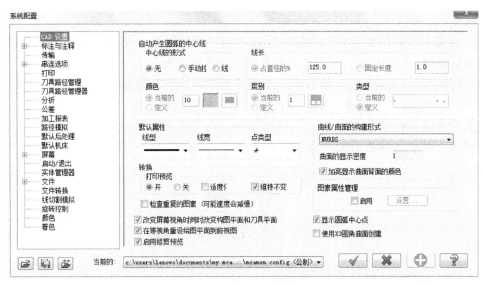

图 1-10 系统配置对话框

如在绘图下面要画任意线时，便可以按下键盘上的 L 键，如图 1-11 所示。

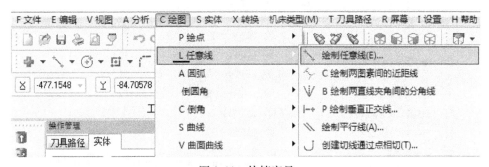

图 1-11 快捷字母

还有一些与系统操作相关的快捷功能键在操作中经常用到，请熟记以加快作图速度，见表 1-1。

表 1-1 Mastercam 快捷功能键

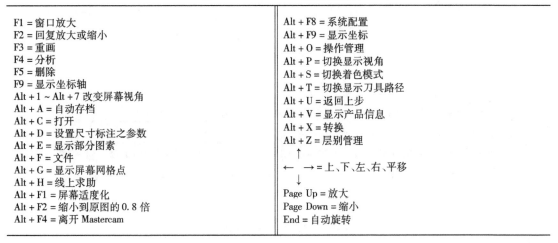

F1 = 窗口放大	Alt + F8 = 系统配置
F2 = 回复放大或缩小	Alt + F9 = 显示坐标
F3 = 重画	Alt + O = 操作管理
F4 = 分析	Alt + P = 切换显示视角
F5 = 删除	Alt + S = 切换着色模式
F9 = 显示坐标轴	Alt + T = 切换显示刀具路径
Alt + 1 ~ Alt + 7 改变屏幕视角	Alt + U = 返回上步
Alt + A = 自动存档	Alt + V = 显示产品信息
Alt + C = 打开	Alt + X = 转换
Alt + D = 设置尺寸标注之参数	Alt + Z = 层别管理
Alt + E = 显示部分图素	↑
Alt + F = 文件	← → = 上、下、左、右、平移
Alt + G = 显示屏幕网格点	↓
Alt + H = 线上求助	Page Up = 放大
Alt + F1 = 屏幕适度化	Page Down = 缩小
Alt + F2 = 缩小到原图的 0.8 倍	End = 自动旋转
Alt + F4 = 离开 Mastercam	

11. 其他设置

（1）视角和绘图平面设置　为简化操作，创建几何图形、曲面、实体及刀具路径时，经常要设置视角、绘图平面，其操作方法和技巧应熟练掌握。

1）视角设置。视角指从不同的角度观察几何图形，单击属性栏中【屏幕视角】按钮，弹出图1-12a所示菜单，选择所需的视图即可进入相应的观察面；也可通过【视图】|【标准视角】命令进入相应观察面，如图1-12b所示；还可以在绘图区空白处单击鼠标右键，在弹出的快捷菜单中选择相应的视图。其中7种常用的视图图标列于工具栏中，如图1-13所示。

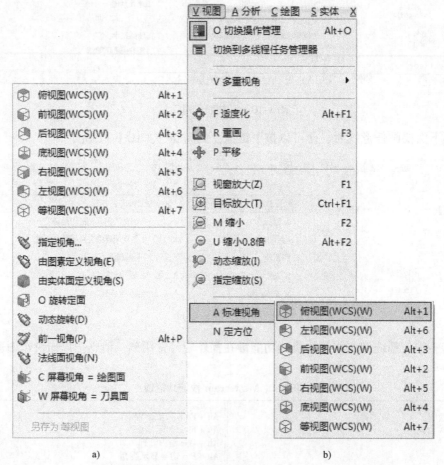

a) b)

图1-12　视角设置

图1-13　常用视图图标

2）绘图平面设置。绘图面决定了所绘几何图形的空间位置。在绘制任何几何图形之前，必须先选择绘图面。单击【视图】工具栏中 按钮右方的下三角按钮，再单击菜单中的相应视图，如图 1-14a 所示；也可单击属性栏中【平面】按钮，弹出图 1-14b 所示菜单，再单击选择相应视图。

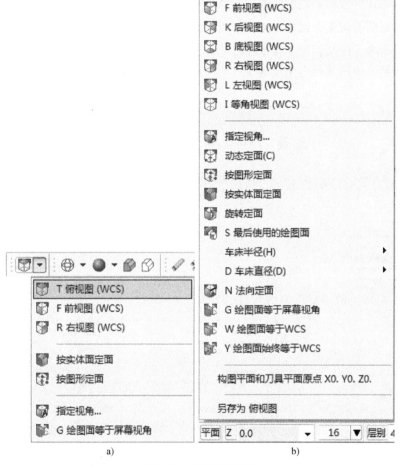

a)   b)

图 1-14 绘图平面设置

（2）图素的隐藏与恢复 图素的隐藏只是在屏幕上不显示，通过恢复隐藏的设置可使其重新显示出来，这是进行复杂零件造型时经常用到的方法。

单击【屏幕】|【隐藏图素】，如图 1-15 所示，选择要隐藏的图素，按 Enter 键后图素就实现隐藏；若需要恢复隐藏的图素，单击【屏幕】|【恢复隐藏图素】，选择要恢复隐藏的图素，按 Enter 键后图素就实现可见。

（3）属性修改和图层管理

1）属性修改。几何图形的属性一般包括颜色、线

图 1-15 隐藏图素功能

型、线宽、图层等内容，用户在设计产品过程中，常需要对几何图素的属性进行修改。

先选择要修改属性的图素，然后在【属性】状态栏中 属性 按钮上单击鼠标右键，系统弹出【属性】对话框，如图1-16a所示，用户在需要修改的下边的方框内打勾，并在其列表中选择相应的新属性，单击【确认】按钮 ✓ 就可完成属性修改。

2）图层管理。图层是用户用来组织和管理图形的一个重要工具，用户可以将图素、尺寸标注、刀具路径等放在不同的图层，这样在任何时候都很容易控制某图层的可见性，从而方便地修改该图层的图素，而不会影响其他图层。在【属性】状态栏中单击 层别 按钮，弹出图1-16b所示的【图层管理】对话框，用户可以根据自己的需要来管理图层，包括命名图层、打开和关闭图层及锁定图层等。

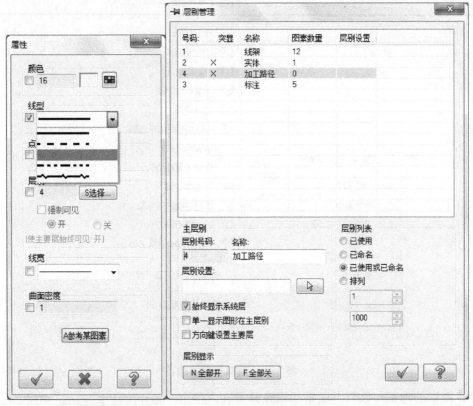

a) 属性对话框　　　　　　　　b) 层别管理对话框

图1-16　属性及层别管理

（4）串连　串连常用于连接一连串的图素，当执行修改、转换图形或生成刀具路径需要选取图素时均会用到串连。串连有两种类型：开式串连和闭式串连。开式串连指起始点和终止点不重合；闭式串连是指起始点和终止点重合。

在使用【拉伸实体】、【粗车】等命令后，将首先打开【串连选项】对话框，如图1-17所示。利用该对话框可以在绘图区选择待操作的串连图素，然后设置相应的参数后完成操作。

【任务实施】

绘制图1-18所示线架结构。

步骤1 绘图平面设置。绘图面选择前视图，单击【视图】工具栏中 按钮右方的下三角按钮，再单击菜单中的【前视图】按钮 。

步骤2 绘图深度设置。构图深度也称 Z 深度，是与构图面紧密联系的位置概念。系统默认的构图面 Z 深度是0，要设置构图深度，只需在如图1-14b所示的属性栏 Z 文本框里输入构图深度值即可，也可单击 Z 按钮通过选取一点定义新的构图深度，本任务构图深度为0。

步骤3 视角设置。为了方便观察选择前视图，在绘图区空白处单击鼠标右键，在弹出的菜单中单击【前视图】图标 。

步骤4 在【草图】工具栏中单击【绘制任意线】按钮 ，再单击【绘制任意线】状态栏中的【连续线】按钮 ，在系统提示下输入1点坐标（0，

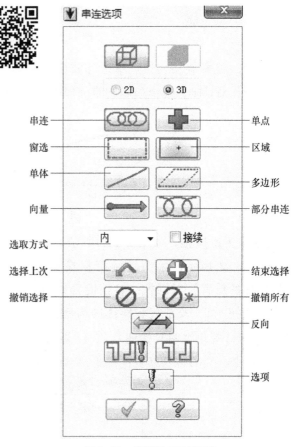

图1-17 串联选项对话框

32），如图1-19a所示，按 **Enter** 键确认后接着输入2点坐标（0，0），以此类推，连续输入（60，0）、（60，10）、（65，10）、（65，15），就可完成直线图形的绘制，如图1-19b所示。

步骤5 选择【绘图】|【圆弧】|【两点画弧】，或在【草图】工具栏中单击【两点画弧】按钮 ，出现【两点画弧】状态栏，系统提示选择圆弧经过的两个点，选取点1和点6，在图1-20所示的操作栏中输入圆弧半径"130"，按 **Enter** 键或在绘图区击鼠标右键确认，系统提示选择保留圆弧，如图1-19c所示，选择箭头标注的那段圆弧，单击【应用】按钮 ，结果如图1-19d所示。

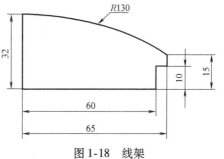

图1-18 线架

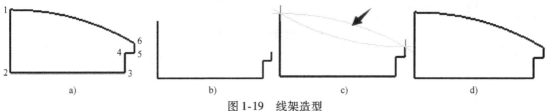

图1-19 线架造型

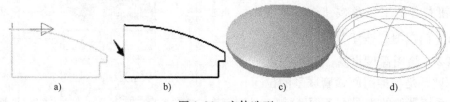

图1-20　设置圆弧参数

步骤6　绘制旋转实体。单击【实体】工具栏中的【旋转实体】按钮📷，系统弹出【串联选项】对话框，选择串联图素，如图1-21a所示，按**Enter**键，确认后选择箭头标

a)　　　　　　　b)　　　　　　　c)　　　　　　　d)

图1-21　实体造型

注的直线作为旋转轴，如图1-21b所示，弹出【方向】对话框，如图1-22所示，单击【确定】按钮✓，系统弹出【旋转实体的设置】对话框。参数设置如图1-23所示，单击【确定】按钮✓完成旋转实体的构建。关闭线架层，在工具栏中单击【等角视图】按钮📷，结果如图1-21c所示，按<Alt>+<S>键可以切换着色模式，结果如图1-21d所示。

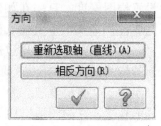

图1-22　方向对话框

图1-23　旋转实体的设置对话框

【任务评价】（表1-2）

表1-2　项目实施评价表

序号	检测内容与要求	分值	自评（25%）	小组评价（25%）	教师评价（50%）
1	学习态度	5			

（续）

序号	检测内容与要求	分值	自评 （25%）	小组评价 （25%）	教师评价 （50%）
2	能运用图形编辑命令绘制所有直线	30			
3	能运用图形编辑命令绘制 $R130mm$ 圆弧	15			
4	用旋转命令生成实体	15			
5	任务实施方案的可行性,完成的速度	10			
6	小组合作与分工	5			
7	学习成果展示与问题回答	10			
8	安全、规范、文明操作	10			
	总分	100	合计:		
问题记录和 解决方法	实施中出现的问题和采取的解决方法				

任务2　　Mastercam 从设计到制造快速入门

【任务描述】

对如图 1-24 所示的快餐盒凸模进行造型及加工。

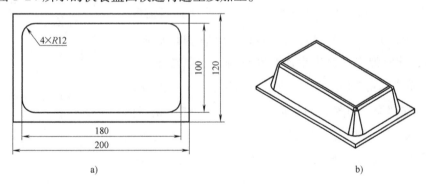

a)　　　　　　　　　　　　　　　　　　b)

图 1-24　快餐盒

【任务分析】

快餐盒凸模的造型主要采用拉伸（挤压）实体方法，本任务的重点是零件加工轨迹的生成及仿真方法。

【任务实施】

步骤 1　先对快餐盒凸模造型进行绘图面设置，绘图面选择俯视绘图面，单击属性栏中的【平面】按钮，在弹出的菜单中单击【俯视图】即可进入俯视绘图面。

步骤2 绘图深度设置，按系统默认的绘图面 Z 深度"0"设置。

步骤3 视图设置，为了方便草图观察，选择俯视图。单击属性栏中【屏幕视角】按钮，在弹出的菜单中单击【俯视图】即可，这也是系统默认的观察面。

步骤4 绘制如图 1-24a 所示的矩形，单击绘图工具栏中矩形绘制按钮 ▣，弹出矩形绘制状态栏，在操作栏单击中心点定位矩形按钮 ➕，输入矩形中心点 X 坐标"0"，Y 坐标"0"，Z 坐标"0"，输入矩形长度"200"，宽度"120"，如图 1-25 所示，按 Enter 键确认，单击应用按钮 ➕，完成 200mm×120mm 矩形绘制。

图 1-25　矩形绘制参数

选择【绘图】|【矩形形状设置】菜单命令，或在【草图】工具栏中单击【矩形形状设置】按钮 ▣，弹出矩形选项对话框，在对话框中输入矩形长度"180"，宽度"100"，矩形圆角半径栏输入"12"，在形状一栏选长方形，矩形基准点定位方式选择矩形中心点，系统提示选择矩形中心点，如图 1-26 所示，在坐标输入栏中输入矩形中心点坐标 X 坐标"0"，Y 坐标"0"，Z 坐标"0"，如图 1-27 所示，按 Enter 键确认，单击应用按钮 ➕，结果如图 1-28 所示。

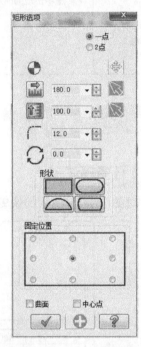

图 1-26　矩形选项对话框

步骤5 在【视图】工具栏中选择等角视图，单击实体工具栏中拉伸实体按钮 ▮，系统弹出【串连选项】对话框，选择串连图像，如图 1-29a 所示，按 Enter 键确认后如图 1-29b 所示，同时弹出【挤出串连】对话框，参数按图 1-30 所示设置，单击确定按钮 ✓，如图 1-29c 所示，继续单击 ▮，选择串连图像，如图 1-29d 所示，按 Enter 键确认后如图 1-29e 所示，同时弹出【挤出串连】对话框，参数按图 1-31 所示设置，单击确定按钮 ✓，如图 1-29f 所示。单击

图 1-27　矩形中心点坐标

实体倒圆角按钮 ▣，在状态栏中单击选择实体面选项，如图 1-32 所示，在系统提示下选择上表面，如图 1-29g 所示，按 Enter 键确认后弹出【倒圆角参数】对话框，参数设置如图 1-33 所示，单击确定按钮 ✓，完成快餐盒凸模构建，结果如图 1-29h 所示。

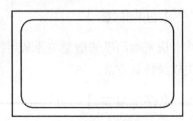

图 1-28　绘制矩形

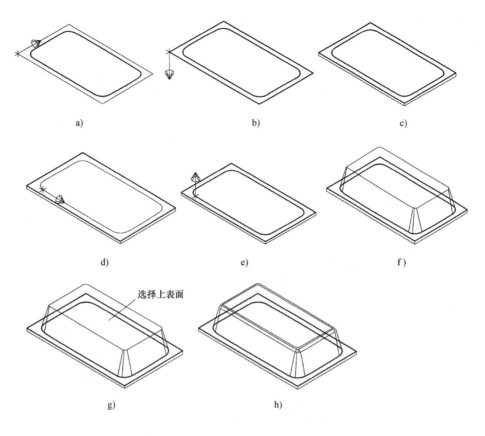

图1-29 快餐盒凸模的造型

图 1-30 实体挤出设置对话框

图1-31 实体挤出设置对话框

图1-32 实体倒圆角

步骤6 实体平移，实体平移是为了准备加工。绘图面选择前视图绘图面，屏幕视角选择前视图，单击【转换】工具栏的【平移】按钮 ，在系统提示下选择状态栏的【全部】按钮 全部... ，在弹出的对话框中选择【所有图素】按钮 所有图素 ，按 Enter 键确认，系统弹出【平移】对话框，按图1-34所示设置【平移】对话框，单击确定按钮 。

图1-33 倒圆角参数设置

图1-34 平移参数设置

步骤7 快餐盒凸模的加工。在机床类型选择菜单栏中选择【机床类型】|【铣床】|【默认】，如图1-35所示。

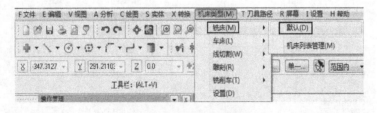

图1-35 机床类型选择

步骤8 粗加工方法选择。选择菜单栏中【刀具路径】|【曲面粗加工】|【粗加工等高外形加工】，如图1-36所示。系统会弹出【输入新NC名称】对话框，输入"快餐盒凸模加工"，如图1-37所示，单击确定按钮 。

步骤9 选择加工曲面和切削范围。系统提示选择加工曲面，单击状态栏中启用实体选择按钮 ，如图1-38所示，单击选择主体按钮 ，如图1-39所示，并单击实体，如图1-40所示，按 Enter 键结束实体选择，再按 Enter 键结束曲面选择，单击弹出的【刀具路径的曲面选取】对话框确定按钮 ，如图1-41所示。

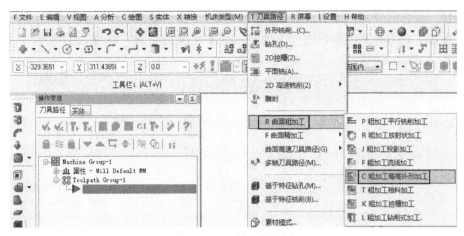

图1-36　刀具路径选择

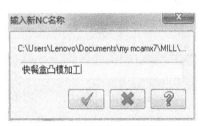

图1-37　输入新NC对话框

实体选择按钮

图1-38　通用选择状态栏

选择主体按钮

图1-39　通用选择状态栏

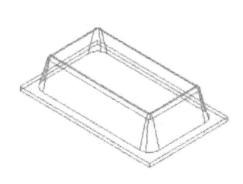

图1-40　加工面的选择

图1-41　刀具路径曲面选取对话框

步骤10 选择刀具并设置刀具参数。在弹出的【曲面粗加工等高外形】对话框中设置刀具路径参数。在刀具路径参数选项下的空白处单击鼠标右键，从弹出的菜单中选择【创建新刀具】，如图 1-42 所示。

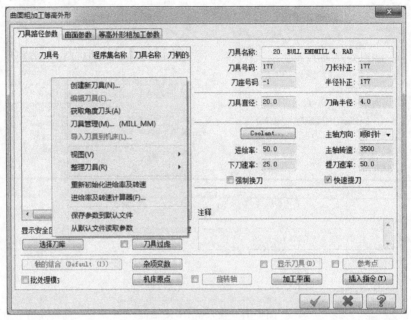

图 1-42　创建新刀具

步骤11 在弹出的【Creat New Tool】创建新刀具对话框中单击 Next 按钮，在设置平底刀几何参数对话框中单击 Next 按钮，在定义刀具其他参数对话框中单击 Finish 按钮，初步完成 1 号刀具及其参数定义，如图 1-43 所示。

图 1-43　定义刀具

步骤 12 右击 1 号刀具图标，在弹出的菜单中选择【编辑刀具】选项，如图 1-44 所示，在弹出的【定义刀具】对话框中按照图 1-45 ~ 图 1-47 所示编辑刀具类型及刀具参数，单击确认按钮 ✓，完成刀具定义。

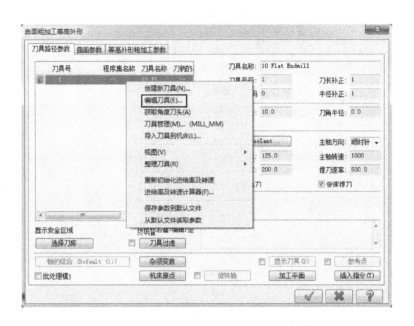

图 1-44　编辑刀具

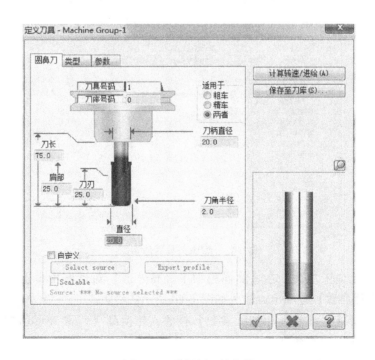

图 1-45　编辑新刀具参数

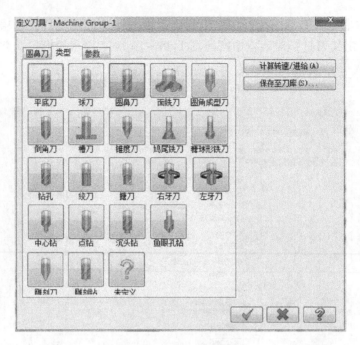

图1-46　编辑刀具类型

图1-47　编辑刀具其他参数

步骤13　设置加工参数。在【曲面粗加工等高外形】对话框中单击【曲面参数】标签，切换到【曲面参数】选项卡，输入如图1-48所示的参数。

步骤14　单击【等高外形粗加工参数】标签，切换到【等高外形粗加工参数】选项卡，输入如图1-49所示的参数。

步骤15　单击切削深度按钮，输入如图1-50所示的参数。

步骤16　生成刀具路径。单击【曲面粗加工等高外形】对话框确定按钮 ，系统

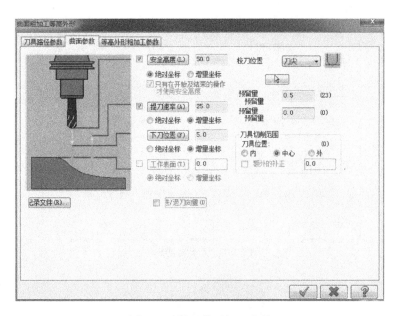

图 1-48 设置曲面加工参数

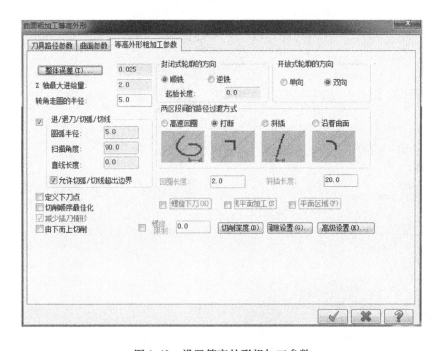

图 1-49 设置等高外形粗加工参数

根据确定的参数生成刀具路径，如图 1-51 所示。

步骤 17 设置工件毛坯。在【刀具路径】操作管理器中单击【材料设置】节点，弹出【机器群组属性】对话框，按如图 1-52 所示设置毛坯尺寸，单击确定按钮 ✓，此时绘图区工件的毛坯如图 1-53 所示。

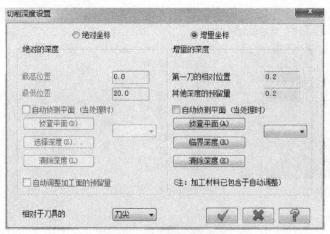

图 1-50　设置切削深度

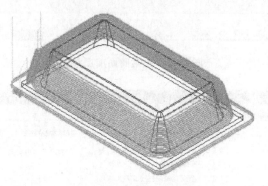

图 1-51　生成刀具路径

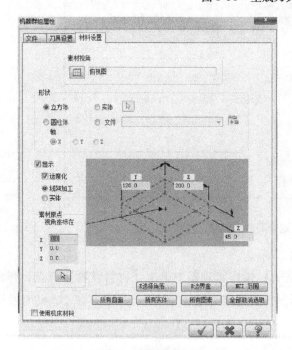

图 1-52　设置毛坯尺寸

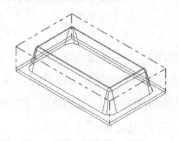

图 1-53　设置零件毛坯

步骤18 实体仿真模拟。单击加工操作管理器中的实体加工模拟按钮，弹出【验证】对话框。单击播放按钮进行加工模拟，模拟结果如图1-54所示。

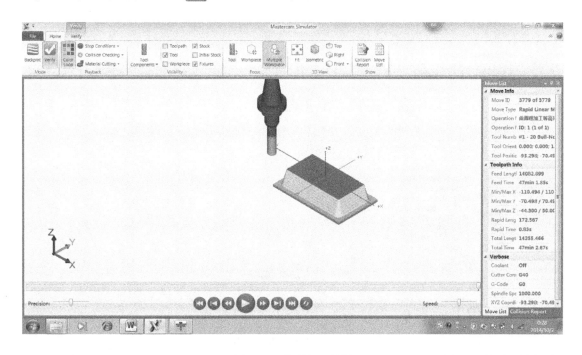

图1-54 仿真加工结果

步骤19 单击加工操作管理器中的POST后处理按钮 **G1**，系统弹出【后处理程序】对话框，如图1-55所示。单击确认按钮 ，系统弹出NC文件管理器，如图1-56所示，输入文件名，单击【保存】按钮，系统自动弹出加工程序，如图1-57所示。

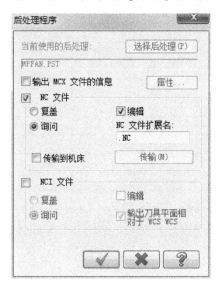

图1-55 后处理程序对话框

图1-56 NC文件管理器

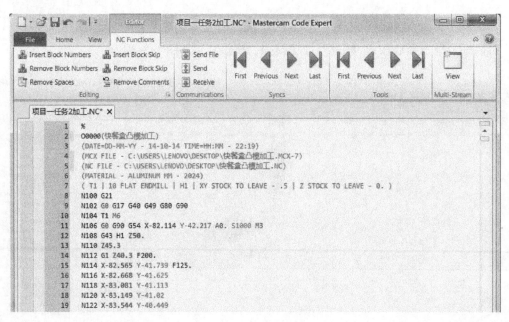

图 1-57　后处理程序

【任务评价】（表 1-3）

表 1-3　项目实施评价表

序号	检测内容与要求	分值	自评（25%）	小组评价（25%）	教师评价（50%）
1	学习态度	5			
2	能运用矩形命令绘制内外形	5			
3	用倒圆命令倒圆 $R12mm$	5			
4	在指定方向挤出，并拔模	5			
5	倒实体圆角	5			
6	选择机床为铣床及加工面	5			
7	合理选用刀具及切削参数	15			
8	设置毛坯尺寸及原点位置	5			
9	仿真	5			
10	产生数控加工程序	5			
11	按指定文件名，上交至规定位置	5			
12	任务实施方案的可行性，完成的速度	10			
13	小组合作与分工	5			
14	学习成果展示与问题回答	10			
15	安全、规范、文明操作	10			
	总分	100	合计：		
问题记录和解决方法	实施中出现的问题和采取的解决方法				

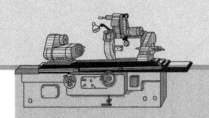

项目2

线架造型

【学习目标】

通过本项目工作任务的学习，熟练运用线架造型方法绘制平面图和线架立体图。

（1）掌握用点、线来描述零件轮廓形状的造型方法。

（2）掌握图形编辑方法。

（3）掌握利用工具栏图标及快捷按钮操作的方法，提高作图效率。

（4）掌握平移、旋转、镜像、阵列、偏移等几何变换操作方法。

任务1　　曲线绘制

【任务描述】

本任务要求运用相关命令完成如图 2-1 所示的四个图形实例绘制。

【任务分析】

本任务选择的图形实例从简单到复杂，通过任务图形的分析，采用常用绘图命令即可完成绘制。

【知识链接】

1. 绘制直线

直线是组成几何图形最基本图素之一，Mastercam 提供了 6 种直线绘制方法。选择【绘图】｜【任意线】，如图 2-2a 所示，或单击【绘制任意线】按钮 ∖・ 右侧的下拉列表，如图 2-2b 所示，分别是【绘制任意线】、【绘制两图素间的近距线】、【绘制两直线夹角间的分角线】、【绘制垂直正交线】、【绘制平行线】和【创建切线通过点相切】。

画直线时，可根据实际情况，选择不同的直线绘制方式，根据状态栏提示，完成操作。

2. 绘制圆弧

圆弧也是组成几何图形最基本图素之一，Mastercam 提供了 2 种圆绘制和 5 种圆弧绘制方法。选择【绘图】｜【圆弧】，如图 2-3a 所示，或单击【绘制圆弧】按钮 ⊕・ 右侧的下

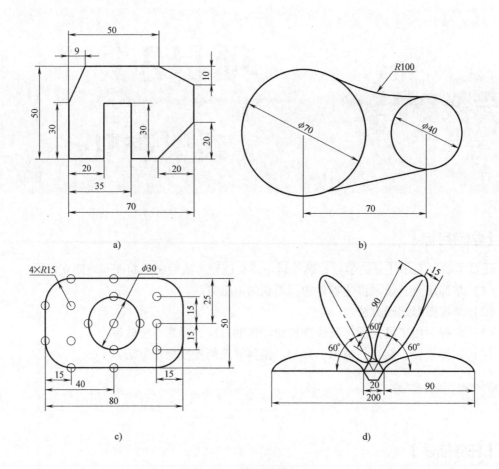

图 2-1　曲线绘制实例

图 2-2　绘制直线菜单

拉列表，如图 2-3b 所示，分别是【三点画圆】、【圆心 + 点】、【极坐标圆弧】、【极坐标画弧】、【两点画弧】、【三点画弧】和【切弧】。

画圆弧时，可根据实际情况，选择不同的圆弧绘制方式，根据状态栏提示，完成操作。

3. 绘制点

点也是几何图形最基本的图素之一，绘制点通常是给其他图素提供定位参考。Mastercam 提供了 8 种点绘制方法。选择【绘图】|【绘点】，如图 2-4a 所示，或单击【绘点】按钮 右侧的下拉列表，如图 2-4b 所示，分别为【绘点】、【动态绘点】、【曲线绘点】、

a) b)

图 2-3 绘制圆弧菜单

a) b)

图 2-4 绘制点菜单

【绘制等分点】、【端点】、【小圆心点】、【穿线点】和【切点】。

　　指定位置绘点能在某一指定位置绘制所需要的点，启动自动捕捉功能，就可以捕捉到图素的特征点，自动捕捉无法完成的可以用手动捕捉方法，如图 2-5 所示。特征点是指原点、圆心点、端点、交点、中点、相对点等。

　　画点时，可根据实际情况，选择不同的点的绘制方式，根据状态栏提示，完成操作。

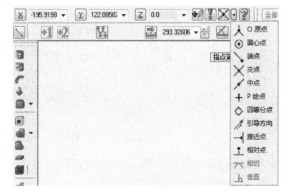

图 2-5 手动捕捉点

4. 绘制矩形

Mastercam 可以绘制基本矩形和变形矩形。

（1）基本矩形绘制　选择【绘图】｜【矩形】，如图 2-6a 所示，或单击【矩形】绘制按钮 ，如图 2-6b 所示，系统弹出矩形状态栏，各项功能如图 2-7 所示。

（2）变形矩形绘制　采用变形矩形绘制，可以创建圆角形、半径形和圆弧形等。选择【绘图】｜【矩形形状设置】，如图 2-8a 所示，或单击【矩形】绘制按钮 右侧下拉列表，单击【矩形形状设置】按钮 ，如图 2-8b 所示，系统弹出矩形选项对话框，一点法绘

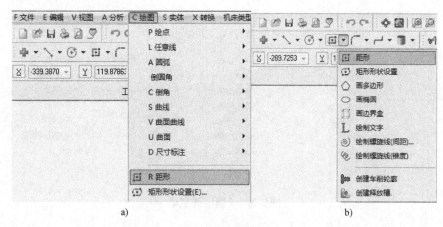

图 2-6　绘制矩形

图 2-7　绘制矩形状态栏

图 2-8　绘制变形矩形

制矩形如图 2-9a 所示，两点法绘制矩形如图 2-9b 所示。

5. 绘制多边形

选择【绘图】|【画多边形】，如图 2-10a 所示，或单击【画多边形】按钮 ◯，如图 2-10b 所示，系统弹出多边形选项对话框，如图 2-11 所示，正多边形是通过内接或外切虚拟圆来定义的，也可根据需要选择将正多边形的棱边倒圆角或旋转一定角度。

6. 绘制椭圆

选择【绘图】|【画椭圆】或单击【画椭圆】按钮 ◯，系统弹出【椭圆曲面】对话框，如图 2-12 所示。可根据需要选择画部分椭圆或将椭圆旋转　定角度。

7. 绘制螺旋线

Mastercam 可以绘制间距螺旋线和锥度螺旋线。

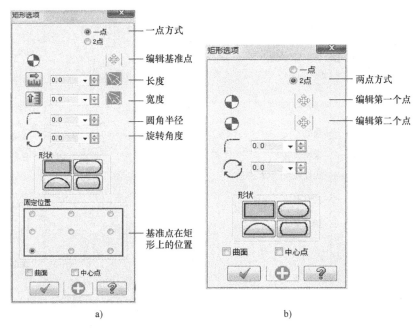

a)   b)

图2-9 【矩形选项】对话框

a)   b)

图2-10 绘制多边形

（1）绘制间距螺旋线 选择【绘图】|【绘制螺旋线（间距）】或单击【绘制螺旋线（间距）】按钮⊙，系统弹出【螺旋形】对话框，如图2-13所示。

（2）绘制锥度螺旋线 选择【绘图】|【绘制螺旋线（锥度）】或单击【绘制螺旋线（锥度）】按钮⊛，系统弹出【螺旋形】对话框，如图2-14所示。

8. 绘制样条曲线

样条曲线分为参数型样条曲线和NURBS型样条曲线，它们形成原理不同。参数型样条曲线是由一系列节点定义的，且节点位于曲线之上；而NURBS型样条曲线是非均匀有理B样条曲线的简称，是由一系列控制点定义的，除了第一个和最后一个点位于曲线之上，其他的可能都在曲线外。Mastercam用于样条曲线绘制的方法包括手动绘制样条曲线、自动绘制样条曲线、转成单一曲线和熔接样条曲线。

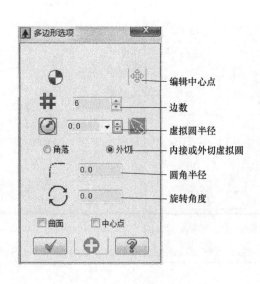

图 2-11　多边形选项对话框

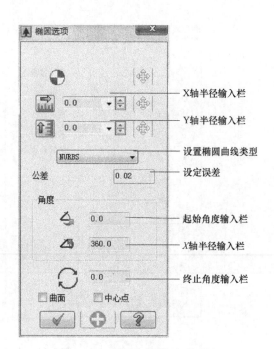

图 2-12　椭圆参数设置对话框

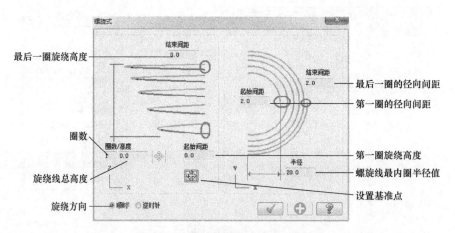

图 2-13　间距螺旋线参数设置对话框

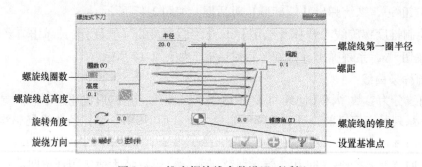

图 2-14　锥度螺旋线参数设置对话框

（1）手动绘制样条曲线　选择【绘图】｜【曲线】｜【手动画曲线】，如图 2-15a 所示，或单击【手动画曲线】按钮，如图 2-15b 所示，系统弹出如图 2-16 所示的状态栏，可根据系统提示手动画点或选点来绘制曲线。

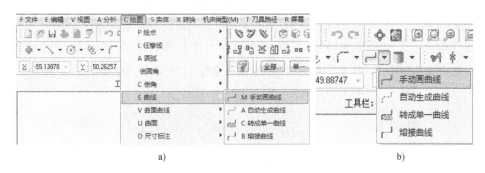

图 2-15　绘制样条曲线

图 2-16　手动绘制样条曲线状态栏

（2）自动绘制样条曲线　选择【绘图】｜【曲线】｜【自动生成曲线】或单击【自动生成曲线】按钮，系统弹出如图 2-17 所示的状态栏，可根据系统提示选择 3 个点，其他点由系统自动选择，完成曲线绘制。

图 2-17　自动绘制样条曲线状态栏

（3）转成单一曲线　是指将一系列首尾相连的图素，如直线、圆弧或曲线等转换成一条样条曲线。

选择【绘图】｜【曲线】｜【转成单一曲线】或单击【转成单一曲线】按钮，出现【转成单一曲线】状态栏，如图 2-18 所示，同时系统弹出【串连选项】对话框，可以根据需要选择相应的功能完成曲线绘制。

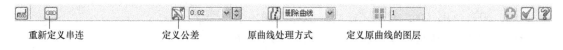

图 2-18　转成单一曲线状态栏

（4）熔接曲线　可用来在不同曲线之间生成一条光滑并与已知曲线相切的样条曲线。

选择【绘图】｜【曲线】｜【熔接曲线】或单击【熔接曲线】按钮，出现【熔接曲线】状态栏，如图 2-19 所示，同时系统弹出【串连选项】对话框，在系统提示下，选择要熔接的曲线并移至要熔接的位置，单击应用按钮。

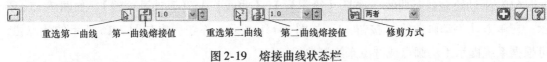

重选第一曲线　第一曲线熔接值　　重选第二曲线　第二曲线熔接值　　修剪方式

图 2-19　熔接曲线状态栏

9. 绘制文字

选择【绘图】｜【绘制文字】或单击【绘制文字】按钮 L，系统弹出【绘制文字】对话框，如图 2-20 所示，在文字内容空白处填入要绘制的文字，设定好其他参数，单击确定按钮 ✓ 。

图 2-20　绘制文字对话框

【任务实施】

实例一、绘制如图 2-1a 所示的平面图形。

步骤 1　单击【草图】工具栏中【绘制任意线】按钮。

步骤 2　单击【绘制任意线】状态栏中的【连续线】按钮。

步骤 3　在系统提示下输入点坐标（0，0），按键盘上 Enter 键确认后接着输入点坐标（20，0），按键盘上 Enter 键，以此类推，连续输入（20，30），（35，30），（35，0），（50，0），（70，20），（70，40），（50，50），（9，50），（0，30），（0，0），就可完成直线图形绘制，结果如图 2-21 所示（也可以单击状态栏上相应图标的功能完成绘制，此处不再赘述）。

实例二、绘制如图 2-1b 所示的平面图形

步骤 1　单击【草图】工具栏中【圆心＋点】绘制按钮，系统提示输入圆心点，在如图 2-22 所示的坐标栏中输入圆心坐标 X 坐标 "0"，Y 坐标 "0"，Z 坐标 "0"，输入圆直径 "70"，

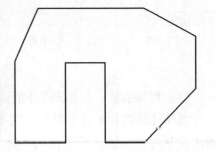

图 2-21　实例一图形

按 **Enter** 键确认,单击应用按扭 ➕。系统继续提示输入圆心点,输入圆心坐标 X 坐标 "70",Y 坐标 "0",Z 坐标 "0",输入圆直径 "40",按 **Enter** 键确认,单击应用按扭 ➕,结果如图 2-23 所示。

图 2-22 输入圆弧参数

步骤 2 单击【草图】工具栏中【切弧】按钮 ◖,如图 2-24 所示,在状态栏中单击【切两物体】按钮 ⬜,先在【半径】按钮右侧的文本框中输入圆弧半径 "100",然后依次选择两个圆作为要相切的图素,最后从出现的多个圆弧中选择所需要的圆弧,单击应用按扭 ➕,如图 2-25 所示。

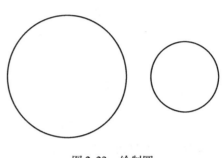

图 2-23 绘制圆

步骤 3 单击【草图】工具栏中【绘制任意线】按钮 ↖,再单击状态栏中的【相切】按钮 ⬛,如图 2-26 所示,在如图 2-27 所示的捕捉操作栏中单击设置按钮 ⬛,在光标自动抓点设置对话框中单击全关按钮 [全关],如图 2-28 所示,单击确定按钮 ✔。

图 2-24 绘制切弧菜单

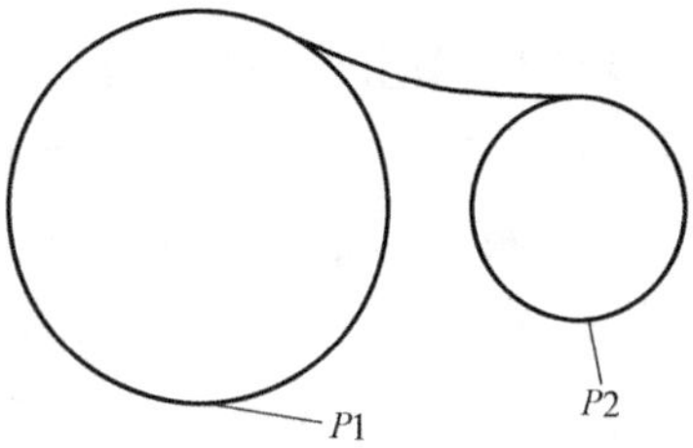

图 2-25 绘制切弧

图 2-26 相切设置

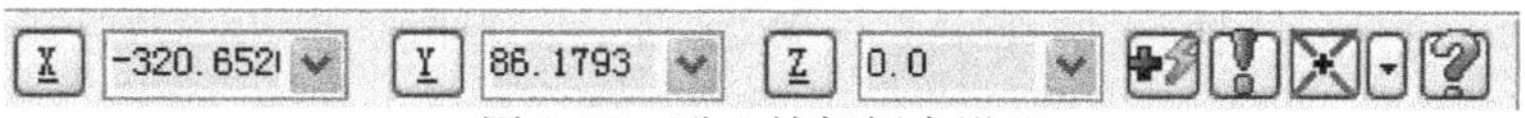

图 2-27 进入捕捉抓点设置

步骤 4 在系统提示下单击圆 P1 和 P2 处,单击确认按钮 ✔,如图 2-29 所示。

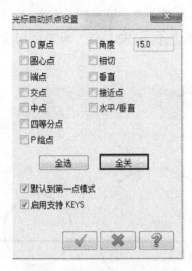

图 2-28　光标自动抓点设置对话框

图 2-29　绘制切线

实例三、绘制如图 2-1c 所示的平面图形，◯为指定位置上的点

步骤 1　单击【矩形形状设置】按钮 ⊙，在弹出的对话框中输入矩形长度"80"，宽度"50"，圆角半径"15"，按 **Enter** 键确认，在【固定的位置】栏选择中心点定位矩形方式。

步骤 2　系统提示选择矩形中心点，在图 2-30 所示的坐标输入栏中输入矩形中心点，X 坐标"0"，Y 坐标"0"，Z 坐标"0"，按 **Enter** 键确认。

图 2-30　输入矩形中心点坐标

步骤 3　单击工具栏中【圆心 + 点】绘制按钮 ⊕，系统提示输入圆心点，在坐标栏中输入圆心坐标 X 坐标"0"，Y 坐标"0"，Z 坐标"0"，输入圆直径"30"，按 **Enter** 键确认，单击应用按扭 ✚，结果如图 2-31 所示。

步骤 4　将点的样式设置成◯，启动自动捕捉功能，单击属性栏 ◯ 右侧的按钮，在弹出的列表中单击选择◯作为点的样式，如图 2-32 所示。单击【绘点】按钮 ✚，在弹出的状态栏里单击光标自动抓点设置按钮 ▣，在弹出的对话框中选择如图 2-33 所示的特殊位置点，单击确定按钮 ✓ 。

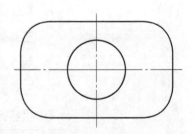

图 2-31　绘制圆和矩形

步骤 5　在系统提示下，移动鼠标至原点位置，当鼠标变为 ⁂ 形状时，单击生成原点 1，如图 2-34 所示；移动鼠标至圆弧中心位置 2、3 处，当鼠标变为 ⊙ 形状时，单击生成圆心点 2 和 3；移动鼠标至端点处位置 4、5、6、7 处，当鼠标变为 形状时，单击生成端点 4、5、6 和 7；移动鼠标至直线中点位置 8、9 处，当鼠标变为 形状时，单击生成中点 8

和9；移动鼠标至圆四等分点位置处10、11、12、13处，当鼠标变为 形状时，单击生成圆四等分点10、11、12和13；14、15、16三个点可通过绘制相对点完成，单击【手动捕捉】按钮 右侧下三角，在下拉列表中单击【相对点】按钮 ，如图2-35所示，系统提示输入已知点或改变为引导模式，移动鼠标至直线L中点处，当鼠标变为 形状时，单击直线中点处，该中点为输入的已知点，然后在【直角坐标】按钮 右侧的文本框中输入"−15，0"的增量值，生成相对点15，同理，可以在【直角坐标】按钮 右侧的文本框中输入"0，15"的增量值，生成相对点14，以点15为已知点，然后在【直角坐标】按钮 右侧的文本框中输入"0，−15"的增量值，生成相对点16，如图2-34所示。

图2-32　点的样式

图2-33　光标抓点设置

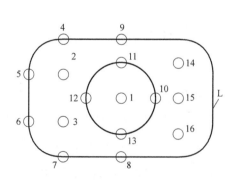

图2-34　绘制点

图2-35　选择相对点

实例四、绘制如图2-1d所示的平面图形

步骤1　画正六边形。按F9显示坐标系，单击属性栏改变线宽，如图2-36所示。

步骤2 单击【画多边形】按钮◯，在系统弹出的【多边形选项】对话框中填入如图 2-37 所示的数据，基准点可以直接捕捉原点或在基准点输入栏中输入原点坐标，即 X 坐标输入 "0"，Y 坐标输入 "0"，Z 坐标输入 "0"，单击应用按钮⊕，如图 2-43a 所示。

步骤3 画直线。单击【绘制任意线】按钮，在系统提示下捕捉原点为第一个端点，在操作栏中输入长度 "100"，在状态栏中选择水平直线按钮，如图 2-38 所示，第二个端点只需在第一端点右侧单击即可，单击应用按钮⊕，完成直线 $L4$ 绘制；仍选原点为第一个端点，取消水平直线选项，在操作栏中角度选项输入角度 "60"，第二个端点在第一个端点右上方单击即可，单击应用按钮⊕，完成直线 $L3$ 绘制；以此类推，完成另外两条直线绘制，结果如图 2-43b 所示。

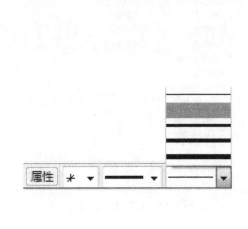

图 2-36　改变线宽

图 2-37　正六边形参数设置

图 2-38　设置直线参数

步骤4 画椭圆。单击【画椭圆】按钮◯，按如图 2-39 所示填写【椭圆选项】对话框，基准点位置先单击状态栏上【相对点】按钮，在系统提示下捕捉直线 $L1$ 端点 $P1$ 为已知点，在【直角坐标】按钮△右侧的文本框中输入 "45，0" 的增量值，按 **Enter** 键后单击应用按钮⊕，如图 2-43c 所示；修改【椭圆选项】对话框数据，如图 2-40 所示，基准点位置先单击状态栏上【引导方向】按钮，在系统提示下单击直线 $L2$ 的中点偏上端，即选中该直线上端端点作为长度基准点，输入引导图素的距离 "45"，如图 2-41 所示，按 **Enter** 键后单击应用按钮⊕；以此类推，完成另外一个椭圆和一个椭圆弧的绘制，结果如图 2-43d 所示。

图2-39 设置椭圆参数

图2-40 设置椭圆参数

图2-41 设置引导方向长度

图2-42 修改线型和线宽

步骤5 改线型，选中两条直线 *L2*、*L3*，将鼠标移至属性栏右击【属性】，在弹出的属性对话框中修改线型和线宽，注意要在线型和线宽前面的小方框中打钩，如图 2-42 所示，单击确认按钮 ☑，结果如图 2-43e 所示。

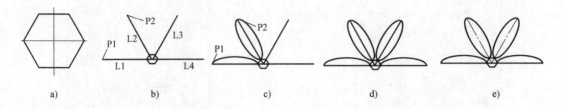

a)　　　　　　b)　　　　　　c)　　　　　　d)　　　　　　e)

图 2-43　实例四图形绘制

【任务评价】（表 2-1）

表 2-1　项目实施评价表

序号	检测内容与要求	分值	自评（25%）	小组评价（25%）	教师评价（50%）
1	学习态度	5			
2	用连续线熟悉绘制图 2-1b	5			
3	会用圆、切弧、切线及修剪命令完成图 2-1b	10			
4	利用自动捕捉及倒圆命令等完成图 2-1c	15			
5	完成图 2-1d				
	画正六边形，中心在原点，并改变线宽	5			
	绘制 3 个角度的等分直线，如图 2-43b	5			
	绘制椭圆，如图 2-43d 所示	15			
	修改线型，如图 2-43e 所示	5			
6	任务实施方案的可行性，完成的速度	10			
7	小组合作与分工	5			
8	学习成果展示与问题回答	10			
9	安全、规范、文明操作	10			
	总分	100	合计：		
问题记录和解决方法	实施中出现的问题和采取的解决方法				

任务2　图形编辑

【任务描述】

绘制如图 2-44 所示的平面图形。

【任务分析】

该平面图形的绘制需完成圆弧、切线、平行线、圆角的绘制以及图素修剪等几个步骤。

【知识链接】

1. 倒圆角和倒角

Mastercam 用于图形编辑的命令主要在【编辑】和【转换】菜单下，其中倒圆角和倒角命令位于【绘图】菜单中。

（1）倒圆角　倒圆角是绘图中经常用到的命令，Mastercam 提供不同的圆角类型以供选择。可以手动倒圆角，也可让系统判断要创建的圆角。可以在两个图素间倒圆角，也可在一串对象间倒圆角。

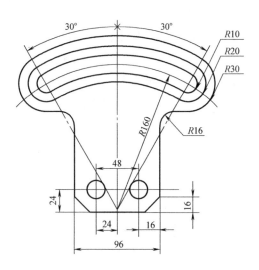

图 2-44　图形编辑实例

1）倒圆角。单击【绘图】|【倒圆角】|【倒圆角】，如图 2-45a 所示，或单击快捷工具栏中【倒圆角】按钮 ，如图 2-45b 所示，在出现的状态栏中选择相应功能，如图 2-46 所示，完成在两个图素间倒圆角。

2）串连倒圆角。单击【绘图】|【倒圆角】|【串连倒圆角】或单击快捷工具栏中【串连倒圆角】按钮 ，在出现的状态栏中选择相应功能，如图 2-47 所示，快速完成多个图素倒圆角。

a)　　　　　　　　　　　　　　　　　b)

图 2-45　倒圆角功能

图 2-46　倒圆角状态栏

图 2-47　串连倒圆角状态栏

（2）倒角 Mastercam 提供了不同的倒角类型以供选择。和倒圆角相似，可以在两个图素间倒角，也可在一串对象间倒角。

1）倒角。单击【绘图】|【倒角】|【倒角】，如图 2-48a 所示，或单击快捷工具栏中【倒角】按钮 右侧的下三角，如图 2-48b 所示，在出现的状态栏中选择相应功能，如图 2-49 所示，完成在两个图素间倒角。

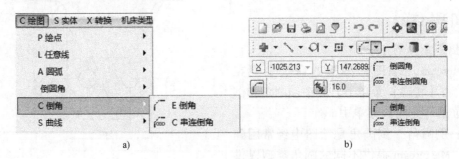

图 2-48　倒角功能

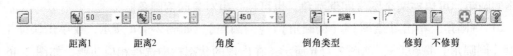

图 2-49　倒角状态栏

2）串连倒角。单击【绘图】|【倒角】|【串连倒角】或单击快捷工具栏中【串连倒角】按钮 ，在出现的状态栏中选择相应功能，如图 2-50 所示，可将串连的几何图形所

图 2-50　串连倒角状态栏

有锐角一次性进行倒角。

2. 修剪和打断

修剪和打断是编辑操作中使用频繁的命令。

（1）修剪/打断/延伸 修剪/打断/延伸命令的方式有多种，能进行一个物体修剪/延伸、两个物体修剪/延伸、三个物体修剪/延伸、分割物体、修剪/打断到某一点及按指定长度修剪/打断/延伸等。

单击【编辑】|【修剪/打断】|【修剪/打断/延伸】或快捷工具栏中的【修剪/打断/延伸】按钮 ，如图 2-51 所示，在出现的状态栏中选择需要的功能，如图 2-52 所示，完成图素间的修剪/打断/延伸。

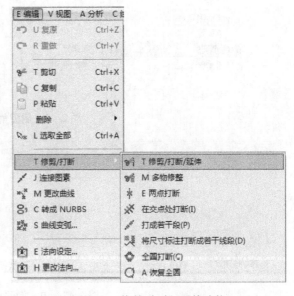

图 2-51　修剪/打断/延伸功能

图 2-52 修剪/打断/延伸的状态栏

（2）多物修整 多物修整命令可同时修剪多个图素。

单击【编辑】|【修剪/打断】|【多物修整】或在【修剪/打断】工具栏的 下拉列表中单击【多物修整】按钮，出现如图 2-53 所示的状态栏，根据系统提示，选择相应功能，完成多个图素间修剪。

图 2-53 多物修整的状态栏

（3）两点打断 将图素在指定位置打断成两段。

单击【编辑】|【修剪/打断】|【两点打断】或在【修剪/打断】工具栏的 下拉列表中单击【两点打断】按钮，根据系统提示，选择图素打断。

（4）在交点处打断 可以将选择的图素在交点处打断。

单击【编辑】|【修剪/打断】|【在交点处打断】或在【修剪/打断】工具栏的 下拉列表中单击【在交点处打断】按钮，根据系统提示，将选择图素打断。

（5）打成若干段 可以实现把一个图素打断成多个图素。

单击【编辑】|【修剪/打断】|【打成若干段】或在【修剪/打断】工具栏的 下拉列表中单击【打成若干段】按钮，根据系统提示，选择要打断的图素，按 **Enter** 键确认，系统弹出如图 2-54 所示的状态栏，根据需要设置将图素打断成若干段。

图 2-54 打成若干段的状态栏

3. 连接图素

连接图素可以将满足条件的两个图素连接成一个独立的图素。能连接的两条线段原来必须共线，能连接的两段圆弧必须具有相同中心和相同半径，能连接的两条曲线原来必须来自于同一条曲线。

单击【编辑】|【修剪/打断】|【连接图素】或在【修剪/打断】工具栏的 下拉列表中单击【连接图素】按钮，根据系统提示，选择图素后按 **Enter** 键确认或单击 结束选择，即可完成图素连接。

4. 删除

用于将绘图区的图素删除。

单击【编辑】|【删除】，可见打开下拉列表中的各种删除及恢复删除功能，也可在工具

栏单击相应按钮如 、 等来实现删除，如图2-55所示，也可使用键盘上的快捷键 F5 或直接使用 Delete 键完成删除。

此外，在【编辑】菜单下还有依【指定长度打断】、【打断全圆】、【恢复全圆】、【更改曲线】、【转成NURBS曲线】和【曲线变弧】等命令，用户在使用时可以查阅相关书籍。

对复杂的几何图形除了用到上面介绍的编辑命令外，还要用到系统提供的【转换】功能，即图形的移动、镜像、旋转等，熟练掌握和应用这些功能将大大提高设计绘图的效率。

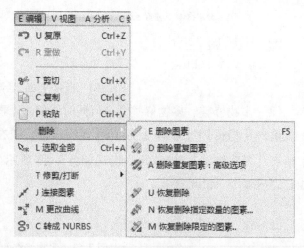

图2-55 删除功能

5. 平移

平移可以在2D或3D绘图模式下将选取的图素按指定方式移动或复制到新的位置，系统提供多种方式供用户选择使用。

1）平移。单击【转换】|【平移】，如图2-56a所示，或单击【Xform】工具栏的【平移】按钮 ，如图2-56b所示，在系统提示下选择要平移的图素后按 Enter 键确认，系统弹出【平移】对话框，如图2-57所示，图素的平移操作主要通过此对话框来完成。

2）3D平移。用于将选择的图素在两个不同的构图面间进行移动或复制。

单击【转换】|【3D平移】或单击【Xform】工具栏的【3D平移】按钮 ，在系统提

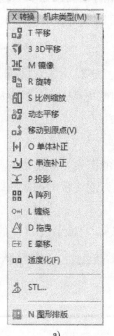

a)

平移

b)

图2-56 平移功能

示下选择要平移的图素后按 **Enter** 键确认，系统弹出【3D 平移选项】对话框，如图 2-58 所示，图素的 3D 平移操作主要通过此对话框来完成；单击对话框中按钮 ![] 定义构图面时，系统弹出平面选择对话框，如图 2-59 所示。

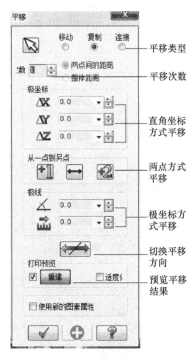

图 2-57　平移对话框

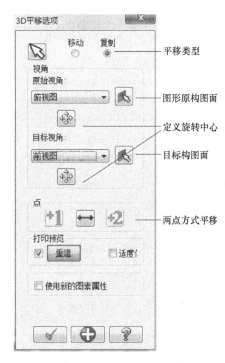

图 2-58　3D 平移选项对话框

6. 镜像、旋转和比例缩放

（1）镜像　镜像常用于对称图形的绘制。

单击【转换】|【镜像】或单击【Xform】工具栏的【镜像】按钮 ![]，在系统提示下选择要镜像的图素后按 **Enter** 键确认，系统弹出【镜像】对话框，如图 2-60 所示，图素的镜像操作主要通过此对话框来完成。

（2）旋转　旋转用于将选取的图素绕选取点旋转一定角度，旋转类型包括移动、复制和连接。

单击【转换】|【旋转】或单击工具栏的【旋转】按钮 ![]，在系统提示下选择要旋转的图素后按 **Enter** 键确认，系统弹出【旋转】对话框，如图 2-61 所示，图素的旋转操作主要通过此对话框来完成。

（3）比例缩放　比例缩放用于将选取的图素按等比例或不等比例放大或缩小，比例缩放类型也包括移动、复制和连接。

单击【转换】|【比例缩放】或单击工具栏的【比例缩放】按钮 ![]，在系统提示下选择要缩放的图素后按 **Enter** 键确认，系统弹出【比例】对话框，如图 2-62 所示，图素的比例缩放操作主要通过此对话框来完成，如果选择不等比例缩放，需要选择 ⊙ **XYZ** 选项，则要求输入对应的比例系数，如图 2-63 所示。

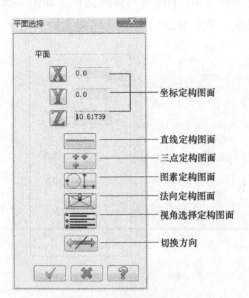

图 2-59 平面选择对话框

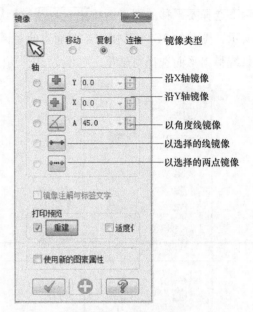

图 2-60 镜像对话框

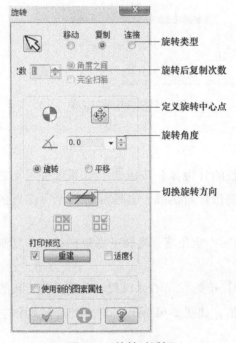

图 2-61 旋转对话框

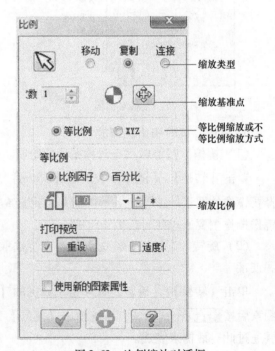

图 2-62 比例缩放对话框

7. 补正

（1）单体补正 用于将选择的单一图素按给定方向偏移。

单击【转换】|【单体补正】或单击工具栏的【单体补正】按钮 ，弹出【补正】对话框，如图 2-64 所示，在系统提示下选择要偏移的图素，并需要指明补正方向，单击应用按钮 。

（2）串连补正 可以将首尾相连的一串图素按选定方向偏移。

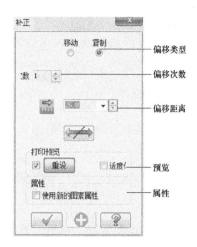

图 2-64 单体补正对话框

图 2-63 不等比例缩放的比例因子

单击【转换】|【串连补正】或单击工具栏的【串连补正】按钮 ，弹出【串连补正选项】对话框，如图 2-65 所示，在系统提示下选择要偏移的一串图素，按 **Enter** 键后系统弹出【串连补正】对话框，设置好偏移参数后单击应用按钮 。

8. 阵列

阵列用于将选取的图素沿两个方向复制。

单击【转换】|【阵列】或单击工具栏的【阵列】按钮 ，在系统提示下选择要阵列的图素，按 **Enter** 键后系统弹出【阵列选项】对话框，如图 2-66 所示，设置好阵列参数后

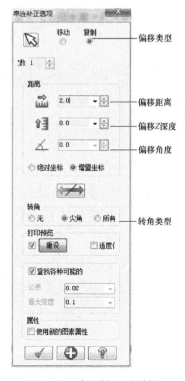

图 2-65 串连补正对话框

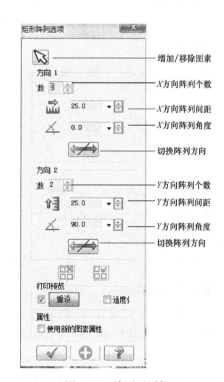

图 2-66 阵列对话框

单击应用按钮 。

此外，在【转换】菜单下还有【动态平移】、【移动到原点】、【投影】、【缠绕】、【拖曳】、【牵移】等命令，在此不一一介绍，用户在使用时可以查阅相关书籍。

【任务实施】

步骤1 绘制构造线，按如图 2-67 所示修改属性中的线型、线宽、颜色和层别等修改属性。

3D	屏幕视角	平面 Z	10		▼	层别 1		▼	属性	*	▼	WCS

图 2-67 属性修改

步骤1.1 绘制直线。单击工具栏中的【绘制任意线】按钮，在状态栏中单击水平线按钮，用鼠标在适当位置单击点取第一点和第二点，输入 Y 坐标为 "24"，如图 2-68 所示，单击应用按钮，画出 $L1$；捕捉原点为第一个端点，在操作栏中输入长度 "193"（比 190mm 大 2 ~ 3mm 即可），按键盘上 **Enter** 键，输入角度 "60"，按键盘上 **Enter** 键，如图 2-69 所示，单击应用按钮，画出直线 $L2$，如图 2-73a 所示；单击工具栏中旋转按钮，选择直线 $L2$ 为旋转对象，按 **Enter** 键结束对象选择，旋转类型选择复制，旋转复制次数为 2 次，旋转角度为 "30"，如图 2-70 所示，旋转中心点定义为直线 $L2$ 下端点，单击应用按钮，可得 $L3$ 和 $L4$，结果如图 2-73b 所示；单击工具栏中单体补正按钮，在弹出的对话框中设定补正类型为复制，偏移次数为 "1"，偏移距离 "24"，补正方向设置为双向，如图 2-71 所示，在系统提示下选择直线 $L3$，单击应用按钮，得直线 $L5$ 和 $L6$，如图 2-73c 所示。

图 2-68 设置直线 $L1$ 参数

图 2-69 设置直线 $L2$ 参数

步骤1.2 绘制 $R160$mm 圆弧。单击工具栏极坐标圆弧按钮，输入半径为 "160"，在系统提示下，圆心点选择直线 $L3$ 下端点，起始角和终止角在图中用鼠标在适当位置单击，完成圆弧 $A1$ 的绘制，如图 2-73d 所示。

步骤1.3 修剪直线 $L5$ 和 $L6$。单击工具栏中【修剪/打断/延伸】按钮，在出现的状态栏中单击【修剪到点】图标，选择修剪功能，如图 2-72 所示，在系统提示下用鼠标在适当位置单击，完成 $L5$ 和 $L6$ 的修剪，如图 2-73e 所示。

步骤2 绘制轮廓线，选择实线线型，线宽选择粗一个等级。

步骤2.1 绘制圆弧，由于部分圆弧起始角和终止角难以确定，因此先绘制为圆，而后根据实际情况进行修剪。单击工具栏中【圆心＋点】绘制按钮，输入半径为 "10"，捕

图 2-70　设置旋转参数

图 2-71　设置单体补正参数

图 2-72　设置修剪参数

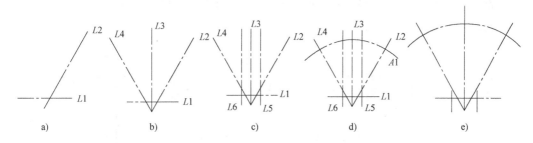

图 2-73　构造线

捉四处交点为圆心，画出四个圆；单击【切弧】绘制按钮 ，在操作栏中输入半径 "170"，如图 2-74 所示，选取圆 C1 和 C2 为相切的图素，在显示的众多圆弧中选择所需的圆弧，同理可以做出半径为 150mm 的圆弧，如图 2-75a 所示。

图 2-74　设置切弧参数

步骤 2.2　修剪。单击工具栏中【修剪/打断/延伸】按钮 ，在出现的状态栏中单击【修剪 3 物体】图标 ，选择修剪功能，在系统提示下按图示顺序单击图素 1、2、3 处，完成 C2 的修剪，同样可完成 C1 的修剪，如图 2-75b 所示。

步骤 2.3　编辑圆弧。单击工具栏的【串连补正】按钮 ，弹出【串连选项】对话框，在系统提示下选择 C1、C2 所在的一串图素，按 **Enter** 键确认后系统弹出【串连补正】对话框，补正类型选择复制，补正次数设置为"2"，偏移距离输入"10"，单击应用按钮，如图 2-75c 所示。

步骤2.4 绘制直线。单击工具栏中【绘制任意线】按钮，在状态栏中单击水平线按钮，用鼠标在适当位置单击点取第一点和第二点，输入 Y 坐标为"0"，单击应用按钮，画出 L7，在状态栏中单击垂直线按钮，用鼠标在适当位置单击点取第一点和第二点，分别输入 X 坐标为"-48"和"48"，单击应用按钮，可得出直线 L8 和 L9，在状态栏中单击相切按钮，系统提示输入的第一点和第二点均捕捉两段圆弧的切点，得到直线 L10，如图 2-75d 所示。

步骤2.5 打断。倒圆角前需将直线 L10 在中间附近打断成两段。单击工具栏中的【两点打断】按钮，根据系统提示，选择直线 L10 为打断的图素，打断位置单击 L10 中间附近处，如图 2-75e 所示。

步骤2.6 倒圆角。单击工具栏中【倒圆角】按钮，在操作栏中输入半径"16"，点取直线相应位置，得到圆角，如图 2-75f 所示。

步骤2.7 倒角。单击工具栏中【倒角】按钮，选择单一距离方式，输入距离为"16"，点取修剪方式，选择相应两条直线，完成在直线间的倒角，如图 2-75g 所示。

步骤2.8 修剪。单击工具栏中的【修剪/打断/延伸】按钮，在出现的状态栏中单击【分/删除】图标，选择修剪功能，将光标移至要删除的部位，在系统自动提示下单击，完成修剪，如图 2-75h 所示。

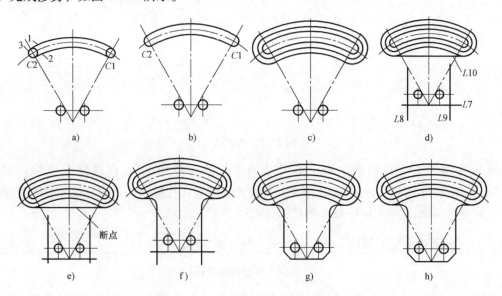

图 2-75 图形编辑实例绘制

 注意 绘制及编辑图素方法有多种，大家可根据自己熟练掌握的方法进行设计。

【任务评价】 (表2-2)

表2-2 项目实施评价表

序号	检测内容与要求	分值	自评 (25%)	小组评价 (25%)	教师评价 (50%)
1	学习态度	5			
2	绘制所有中心线,如图2-73e	15			
3	利用圆或圆弧命令绘图2-75a	5			
4	修剪至图2-75b	5			
5	用补正命令完成图2-75c	5			
6	完成图形余下部分,如图2-75h所示	25			
7	按指定文件名,上交至规定位置	5			
8	任务实施方案的可行性,完成的速度	10			
9	小组合作与分工	5			
10	学习成果展示与问题回答	10			
11	安全、规范、文明操作	10			
	总分	100	合计:		
问题记录和 解决方法	实施中出现的问题和采取的解决方法				

任务3 图形标注

【任务描述】

绘制如图2-76a（扳手）、b（三维线架）所示的图形,并完成标注。

【任务分析】

（1）扳手绘制过程中需综合使用直线、圆弧、矩形、正多边形、圆角、切弧、平行线、文字绘制、图素修剪以及尺寸标注等功能。

（2）该三维线架图绘制过程中需结合使用绘图平面设置、绘图深度 Z 设置、观察视角设置以及直线、圆弧、矩形、圆角、图素修剪,以及尺寸标注等功能。

【知识链接】

1. 尺寸标注

（1）尺寸标注样式设置 单击【绘图】|【尺寸标注】|【选项】,如图2-77a所示,或单击工具栏中【快速标注】按钮 右侧下三角,在下拉列表中选择【选项】图标 ,如图2-77b所示,系统弹出【尺寸标注设置】对话框,如图2-78所示,通过该对话框可以设置尺寸属性、尺寸文字、注解文字、引导线/延伸线和尺寸标注等内容。

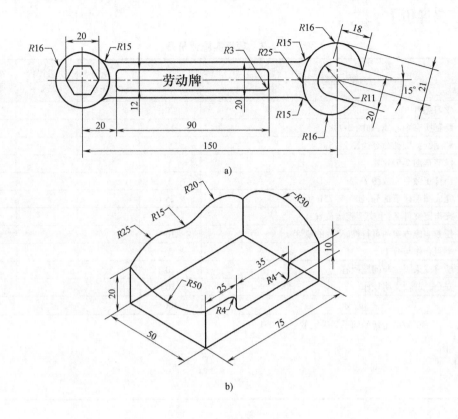

a)

b)

图 2-76　图形标注实例

a)

b)

图 2-77　尺寸标注功能

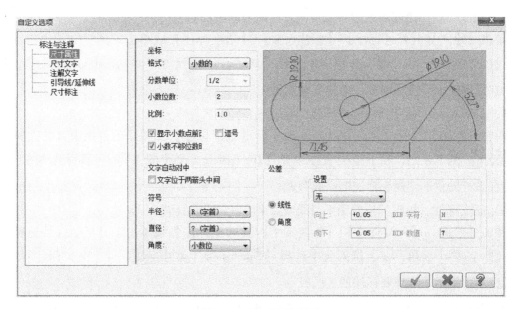

图2-78　尺寸标注样式

（2）尺寸标注

1）线性标注。线性标注包括水平标注、垂直标注和平行标注。水平标注是用来标注任意两点间水平距离；垂直标注是用来标注任意两点间垂直距离；平行标注是用来标注任意两点间距离，且尺寸线平行于两点间连线。

单击【绘图】│【尺寸标注】│【标注尺寸】│【水平标注】或单击工具栏中【快速标注】按钮

图2-79　水平标注功能

右侧下三角，在下拉列表中选择【Dimension（尺寸标注）】│【水平标注】，如图2-79所示，此时会出现如图2-80所示的状态栏，而选择【垂直标注】或【平行标注】也会出现和【水平标注】一样的状态栏。

图2-80　线性标注状态栏

2）基线标注和串连标注。基线标注用于以一存在的尺寸标注为基准来标注其他尺寸，要注意设置合适的基线标注间隔；串连标注用于以一存在的尺寸标注为基准来连续标注其他尺寸。

单击【绘图】│【尺寸标注】│【标注尺寸】│【基准标注】或单击工具栏中【快速标注】按钮 右侧下三角，在下拉列表中选择【Dimension（尺寸标注）】│【水平标注】图标 ，在系统提示下选择线性尺寸，再给出第二端点，以此类推完成标注，而【串连标注】和【基准标注】方法相似，串连标注图标为 ，用户可模仿基线标注来完成串连标注。

3）角度标注。角度标注用于标注两直线间或圆弧的角度值。

单击【绘图】|【尺寸标注】|【标注尺寸】|【角度标注】或单击工具栏中【快速标注】按钮 ⬛⬛ 右侧下三角，在下拉列表中选择【Dimension（尺寸标注）】|【角度标注】图标 ⬛，在系统提示下选择要标注的角度线或弧。

4）圆弧标注，用于标注圆或圆弧的直径或半径。

单击【绘图】|【尺寸标注】|【标注尺寸】|【圆弧标注】或单击工具栏中【快速标注】按钮 ⬛⬛ 右侧下三角，在下拉列表中选择【Dimension（尺寸标注）】|【圆弧标注】图标 ⬛，在系统提示下选择要标注的圆或圆弧。

5）正交标注，用于标注两条平行线或点到直线的法向距离。

单击【绘图】|【尺寸标注】|【标注尺寸】|【正交标注】或单击工具栏中【快速标注】按钮 ⬛⬛ 右侧下三角，在下拉列表中选择【Dimension（尺寸标注）】|【正交标注】图标 ⬛，在系统提示下选择要标注的直线或点。

6）相切标注，用于完成点和圆弧、直线和圆弧以及圆弧和圆弧间的切线标注。

单击【绘图】|【尺寸标注】|【标注尺寸】|【相切标注】或单击工具栏中【快速标注】按钮 ⬛⬛ 右侧下三角，在下拉列表中选择【Dimension（尺寸标注）】|【相切标注】图标 ⬛，在系统提示下选择需要标注的点、直线或圆弧。

7）点位标注，用来标注点的坐标。

单击【绘图】|【尺寸标注】|【标注尺寸】|【点位标注】或单击工具栏中【快速标注】按钮 ⬛⬛ 右侧下三角，在下拉列表中选择【Dimension（尺寸标注）】|【点位标注】图标 ⬛，在系统提示下选择需要标注的点。

2. 其他标注

（1）引导线　是按照需要手工绘制的带有箭头的引线。

单击【绘图】|【尺寸标注】|【引导线】或单击工具栏中【快速标注】按钮 ⬛⬛ 右侧下三角，在下拉列表中选择【引导线】图标 ⬛，在系统提示下绘出需要的引导线。

（2）注解文字　用来对图形进行附加说明。

单击【绘图】|【尺寸标注】|【注解文字】或单击工具栏中【注解文字】按钮 ⬛，弹出对话框如图 2-81 所示，用户可根据需要选择是否带引线方式等。

（3）剖面线　用来进行对各种剖视图进行图案填充。

单击【绘图】|【尺寸标注】|【剖面线】或单击工具栏中【快速标注】按钮 ⬛⬛ 右侧下三角，在下拉列表中选择【剖面线】图标 ⬛，弹出【剖面线】对话框，如图 2-82 所示，用户可根据需要选择图样，确定参数，单击 ⬛，系统弹出【串连选项】对话框，选择所需的串连后单击 ⬛。

除了上面介绍的常用标注方法，该软件也提供了【多重编辑】、【快速标注】等方法，用户可参考相关书籍进行学习。

图 2-81　注解文字对话框

图 2-82　剖面线参数对话框

【任务实施】

实例一、扳手

步骤 1　绘制构造线，在属性栏修改线型为中心线。单击工具栏中【绘制任意线】按钮，在状态栏中单击水平线按钮，用鼠标在适当位置单击点取第一点和第二点，输入 Y 坐标为"0"，单击应用按钮，画出 $L1$；在状态栏中单击垂直线按钮，用鼠标在适当位置单击点取第一点和第二点，输入 X 坐标为"0"，单击应用按钮，继续用鼠标在适当位置单击点取第一点和第二点，输入 X 坐标为"150"，单击应用按钮，得直线 $L2$ 和 $L3$，如图 2-86a 所示。

步骤 2　绘制轮廓线，在属性栏修改线型为实线，线宽选稍粗。

步骤 2.1　绘制圆弧。单击工具栏中【圆心 + 点】绘制按钮，输入半径为"16"，捕捉左侧交点为圆心，单击应用按钮，画出 $R16mm$ 的圆；修改半径为"11"，捕捉右侧交点为圆心，单击应用按钮，画出 $R11mm$ 的圆。

步骤 2.2　绘制正六边形。单击【画多边形】按钮，按照如图 2-83 所示设置【多边形选项】对话框，单击应用按钮。

步骤 2.3　绘制矩形。单击【矩形参数设置】按钮，按照如图 2-84 所示设置【矩形选项】对话框，基准点位置输入（12，0），单击应用按钮，如图 2-86b 所示。

步骤 2.4　绘制直线。单击工具栏中【绘制任意线】按钮，在状态栏中单击角度按钮，输入角度值"–15"，捕捉右侧交点为第一点，在适当位置单击选取第二点，单击应用按钮，得到直线 $L4$；在状态栏中单击水平线按钮，用鼠标在适当位置单击点取第一点和第二点，输入 Y 坐标为"10"，单击应用按钮；继续在适当位置单击点取第一点和第二点，输入 Y 坐标为"–10"，单击应用按钮，得到两条水平线，如图 2-86c 所示。

步骤 2.5　单击工具栏的【单体补正】按钮，在【补正】对话框中分别设置偏移距离"10"和"21"，选择 *L4*，指定补正方向，单击应用按钮 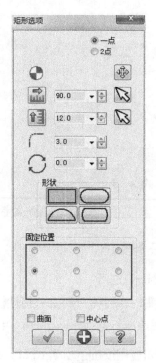，得到直线 *L5*、*L6* 和 *L7*，如图 2-86d 所示。

图 2-83　多边形参数设置

图 2-84　矩形参数设置

步骤 2.6　修剪。单击工具栏中【修剪/打断/延伸】按钮，在状态栏中单击【修剪两物体】按钮，在图中单击如图 2-86d 所示 1、2 处和 1、3 处，结果如图 2-86e 所示；在状态栏中单击【修剪至点】按钮，在图中单击 *L5* 中点偏上位置，单击【引导方向】按钮，输入修剪长度"18"，在系统提示下选择再次单击 *L5* 中点偏上位置，结果如图 2-86f 所示。

步骤 2.7　绘制切弧。单击绘制【切弧】按钮，在状态栏中单击【经过一点】按钮，输入圆弧半径"16"，选择 *L7* 作为圆弧与之相切的图素，选择长度为"18"的线右端点为切弧经过点，在显示出的多个圆弧中单击所需的圆弧，结果如图 2-86g 所示。

步骤 2.8　镜像。单击工具栏的【镜像】按钮，选择刚画的切弧镜像，镜像线选择 *L4*，单击应用按钮，如图 2-86h 所示。

步骤 2.9　倒圆角。单击工具栏中【倒圆角】按钮，输入半径"25"，在状态栏中选择修剪，选择两处圆弧倒圆角，单击应用按钮，修改半径为"15"，在状态栏中选择不修剪，选择图素，完成 4 处 *R*15mm 倒圆角，如图 2-86i 所示。

步骤 2.10　修剪。单击工具栏中【修剪/打断/延伸】按钮，在状态栏中单击【修剪两物体】按钮，在适当位置单击要修剪的图素，注意单击位置应在图素保留处，结果如图 2-86j 所示。

步骤 3　绘制文字。单击【绘制文字】按钮，按图 2-85 所示设置【绘制文字】对话框，将文字放在适当位置，本例放置在（40，－3.5）坐标位置，单击确定按钮 。

图2-85 文字参数设置

步骤4 尺寸标注。按图2-76a所示尺寸进行标注，具体标注过程略。

实例二、三维线架构

步骤1 在属性栏设置绘图平面为俯视绘图面，构图深度"0"，等视角观察。

步骤2 绘制矩形。按功能键F9显示坐标，单击【矩形】绘制按钮 ⬜ ，在操作栏输入宽度"50"，高度"75"，单击【设置中心点为基准点】按钮 ⊞ ，捕捉原点为矩形中心点，得到矩形 abcd，如图2-87a所示。

步骤3 设置绘图平面为前视绘图面，单击属性栏【绘图面】按钮 平面 ，在列表中单击【前视图】，如图2-88所示。

步骤4 平移复制。单击【转换】工具栏中的【平移】按钮 ，选择矩形 abcd，按 **Enter** 键确认，设置【平移】对话框参数，如图2-89所示，单击应用按钮 ，得到六方体形线架构，在绘图区单击鼠标右键，在菜单中选择【清除颜色】，结果如图2-87b所示。

步骤5 绘制前视绘图面中的轮廓。单击属性栏中构图深度按钮 ^{Z} ，在系统提示下捕捉点 a（或点 d、e、h），或直接在属性构图深度输入栏中输入"37.5"。

步骤6 单击工具栏中【两点画弧】绘制按钮 ，输入圆弧半径"50"，在系统提示下选择点 e 和点 h，在显示的多个圆弧中单击所需的圆弧，单击应用按钮 ，如图2-87c所示。

步骤7 修改构图深度 Z 为"－37.5"，单击工具栏中【两点画弧】绘制按钮 ，输入圆弧半径"30"，在系统提示下选择点 g 和点 f，在显示的多个圆弧中单击所需的圆弧，单击应用按钮 ，如图2-87c所示。

步骤8 绘制右视绘图面中的轮廓。设置绘图平面为右视绘图面，单击属性栏中构图深度按钮 ^{Z} ，在系统提示下捕捉点 d（或点 c、g、h），或直接在属性构图深度输入栏中输入"－25"。

步骤9 单击工具栏中【两点画弧】绘制按钮 ⊕，输入圆弧半径"20"，在系统提示下捕捉点 *g* 和 *gh* 中点，在显示的多个圆弧中单击所需的圆弧，单击应用按钮 ✚；修改圆弧半径为"25"，在系统提示下捕捉点 *h* 和直线 *gh* 中点，在显示的多个圆弧中单击所需的圆弧，单击应用按钮 ✚；在刚刚绘制的两个圆弧间倒圆角，圆角半径为"15"，如图 2-87c 所示。

步骤10 修改构图深度 *Z* 为"25"，单击工具栏的【单体补正】按钮 ↦，分别设置偏移距离"10""20""35"，选取相应直线偏移，指明偏移方向，单击应用按钮 ✚，结果如图 2-87d 所示。

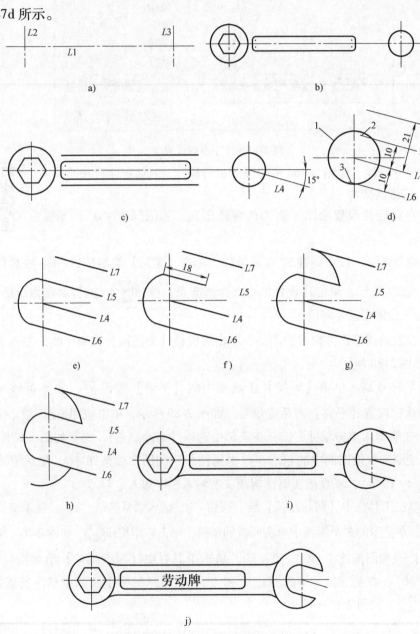

图 2-86 扳手的造型过程

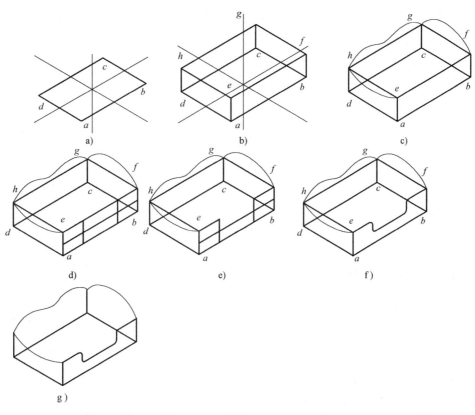

图 2-87　三维线架造型过程

图 2-88　设置前视绘图面

图 2-89　设置平移参数

步骤11 修剪、倒圆角并删除辅助直线。单击工具栏中【修剪/打断/延伸】按钮，选择状态栏中【分/删除】按钮，在系统提示下点取要修剪掉的部分，如图2-87e所示；倒半径为 $R4mm$ 的圆角4处，结果如图2-87f所示；删除多余的直线，如图2-87g所示。

步骤12 尺寸标注，进入相应的绘图面和绘图深度，标注尺寸，具体标注过程略。

【任务评价】（表2-3）

表2-3 项目实施评价表

序号	检测内容与要求	分值	自评（25%）	小组评价（25%）	教师评价（50%）
1	学习态度	5			
2	完成图2-76a	0			
	扳手中心线，如图2-86a所示	5			
	扳手轮廓完整、正确，如图2-86i所示	10			
	绘制文字，如图2-86j	5			
	参考图2-76a，标注所有尺寸，并符合国家标准	10			
3	完成图2-76b	0			
	完成长方体三维线框	5			
	绘制长方体上方圆弧，如图2-87c所示	5			
	绘制长方体前方缺口，如图2-87f所示	5			
	修整得图2-87g所示效果	5			
	参考图2-76b，标注所有尺寸，并符合国家标准	10			
4	任务实施方案的可行性，完成的速度	10			
5	小组合作与分工	5			
6	学习成果展示与问题回答	10			
7	安全、规范、文明操作	10			
	总分	100	合计：		
问题记录和解决方法	实施中出现的问题和采取的解决方法				

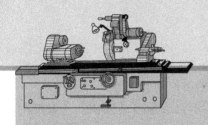

项目3

曲面造型

【学习目标】

通过本项目工作任务的学习，熟练运用各种曲面造型及曲面编辑方法，能快速准确地进行曲面造型操作。

（1）掌握直纹面、旋转面、扫描面、网格面、放式面、牵引面等曲面生成方法。

（2）掌握曲面常用编辑命令，如曲面圆角、曲面修剪、曲面熔接等。

（3）了解曲面造型的一般步骤和技巧。

任务1　杯盖曲面造型

【任务描述】

完成如图 3-1 所示杯盖线架图和曲面造型。

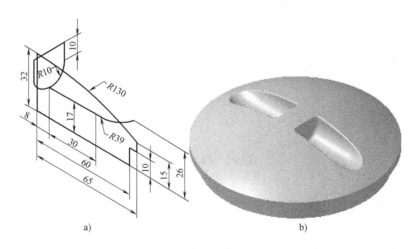

a)　　　　　　　　　　　　b)

图 3-1　杯盖

【任务分析】

本任务需要绘制杯盖三维线架图，再利用画好的线架图进行曲面造型，该任务的曲面造型过程需要运用旋转曲面、扫描曲面、平面修剪曲面、曲面倒圆角等功能，通过该任务的学习，可以掌握常用曲面造型的功能、方法和操作技巧。

【知识链接】

Mastercam 提供了丰富的生成曲面和编辑曲面功能，包括直纹曲面、举升曲面、旋转曲面、牵引曲面、扫描曲面、曲面倒圆角、曲面偏移、曲面修剪及曲面熔接等。

要启动曲面设计，选择【绘图】|【曲面】，如图 3-2a 所示，或单击【曲面】工具栏中相关功能按钮，如图 3-2b 所示。

图 3-2　曲面功能

1. 直纹/举升曲面

用于将两个或两个以上的截面外形以直线熔接方式产生直纹曲面，或以参数熔接方式产生平滑举升曲面。

选择【绘图】|【曲面】|【直纹｜举升曲面】或单击【曲面】工具栏中【直纹｜举升曲面】按钮 ，弹出串连选项对话框，单击串连按钮 ，在绘图区依次选择串连图素，注意串连图素的起点应对准，方向应一致，按 Enter 键或单击【确定】按钮 ，在状态栏中单击【直纹】按钮或【举升】按钮 ，则完成直纹或举升曲面的创建。

2. 旋转曲面

用于将选择的几何图形绕某一轴线旋转而产生曲面。

选择【绘图】|【曲面】|【旋转曲面】或单击【曲面】工具栏中【旋转曲面】按钮 ，弹出串连选项对话框，在系统提示下选择要旋转的轮廓曲线，按 Enter 键或单击确定按钮 ，系统提示选择旋转轴，完成选择旋转轴后还需按要求设置旋转曲面状态栏，设置内容如图 3-3 所示，单击应用按钮 。

　　轮廓　　选择旋转轴　　　　反向　　　　　　起始角　　　　终止角

图 3-3　旋转曲面状态栏

3. 扫描曲面

用于将选择的一个几何截面沿着一个或几个导引线平移而产生曲面，或将选择的两个几何截面沿着一个导引线平移而产生曲面。有 3 种扫掠形式：①一个扫描截面与一个扫描路径；②一个扫描截面与两个扫描路径；③两个或多个扫描截面与一个扫描路径。

选择【绘图】|【曲面】|【扫描曲面】或单击【曲面】工具栏中【扫描曲面】按钮 ，弹出串连选项对话框，在系统提示下选择截面方向外形，按 Enter 键，在系统提示下选择引导方向外形，按 Enter 键，设置扫描曲面状态栏，如图 3-4 所示，单击应用按钮 。

　　　　　　　　　　　　　　转换/旋转　两个线路

　选择串连　转换/平移　正交到曲面　　使用平面

图 3-4　扫描曲面状态栏

4. 网状曲面

由一系列横向和纵向组成的网格状结构来产生曲面，且横向和纵向曲线在 3D 空间可以不相交，各曲线的端点也可以不相交，网状曲面可以是单片曲面，也可以由多片曲面组成。

选择【绘图】|【曲面】|【网状曲面】或单击【曲面】工具栏中【网状曲面】按钮 ，弹出串连选项对话框，在系统提示下选择图素，图素可以是点，可以是线、圆弧等单体，也可以是一个串连，选择后按 Enter 键结束选择，设置网状曲面状态栏，如图 3-5 所示，单击应用按钮 。

　重新选择串连　顶点　　　　　　　　　　类型　　引导方向

图 3-5　网状曲面状态栏

5. 围篱曲面（也称为放式曲面）

利用线段、圆弧、曲线等在曲面上产生垂直于此曲面或与曲面成一定扭曲角度的曲面。

选择【绘图】|【曲面】|【围篱曲面】或单击【曲面】工具栏中【围篱曲面】按钮 ，在系统提示下单击选取曲面，系统弹出串连选项对话框，在系统提示下选择边界，并

设置围篱曲面参数，如图 3-6 所示，按 Enter 键结束边界选择，单击应用按钮 。

图 3-6　围篱曲面状态栏

6. 牵引曲面

牵引曲面是以当前的绘图面为牵引平面，将截面轮廓按指定的方向和角度牵引出曲面，且可以设置一定的角度。

选择【绘图】|【曲面】|【牵引曲面】或单击【曲面】工具栏中【牵引曲面】按钮 ，弹出串连选项对话框，在系统提示下选择要牵引的轮廓，按 Enter 键结束选择，系统弹出【牵引曲面】对话框，如图 3-7 所示，设置牵引曲面参数，单击应用按钮 。

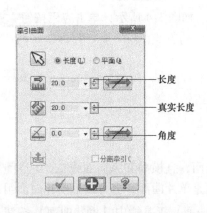

图 3-7　牵引曲面对话框

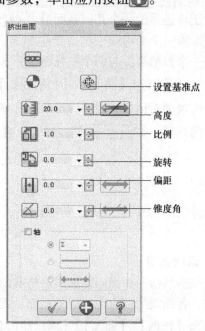

图 3-8　挤出曲面对话框

7. 挤出曲面（也称拉伸曲面）

挤出曲面是将封闭的截面外形沿指定的方向拉伸出两端均封闭的曲面。

选择【绘图】|【曲面】|【挤出曲面】或单击【曲面】工具栏中【挤出曲面】按钮 ，弹出串连选项对话框，在系统提示下选择封闭的轮廓，弹出【挤出曲面】对话框，如图 3-8 所示，设置拉伸参数，单击应用按钮 。

8. 平面修剪曲面（也称平整曲面或边界曲面）

平面修剪曲面是由单一封闭的或多重封闭的同一绘图面上的截面外形产生的曲面。

选择【绘图】|【曲面】|【平面修剪】或单击【曲面】工具栏中【平面修剪】按钮 ，弹出串连选项对话框，在系统提示下选择封闭的轮廓，按 Enter 键结束选择，单击应用按钮 。

9. 曲面补正（也称曲面偏移）

曲面补正将已经存在的曲面沿曲面法向按指定的距离偏移产生新的曲面。

选择【绘图】|【曲面】|【曲面补正】或单击【曲面】工具栏中【曲面补正】按钮，选择要偏移的曲面，按键结束选择，在状态栏设置曲面偏移参数，如图 3-9 所示，单击应用按钮。

重选曲面　单一切换　循环/下一个　切换方向　偏移距离　复制　移动

图 3-9　曲面偏移状态栏

10. 曲面倒圆角

曲面倒圆角共有 3 种方式：曲面与曲面倒圆角，曲线与曲面倒圆角，曲面与平面倒圆角。

（1）曲面与曲面倒圆角　选择【绘图】|【曲面】|【曲面倒圆角】|【曲面与曲面倒圆角】或单击【曲面】工具栏中【曲面与曲面倒圆角】按钮，在系统提示下选择要倒圆角的一组曲面，按键结束选择，再选择要倒圆角的另一组曲面，按键结束选择，系统弹出【曲面与曲面倒圆角】对话框，如图 3-10 所示，设置曲面倒圆角参数，单击应用按钮。

（2）曲线与曲面倒圆角　选择【绘图】|【曲面】|【曲面倒圆角】|【曲线与曲面】或单击【曲面】工具栏中【曲线与曲面】按钮，在系统提示下选择要倒圆角的曲面，按键结束选择，再选择要倒圆角的曲线，按键结束选择，系统弹出【曲线与曲面倒圆角】对话框，如图 3-11 所示，设置倒圆角参数，单击应用按钮。

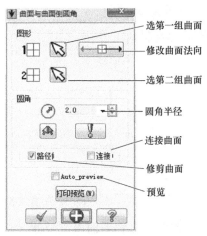

图 3-10　曲面与曲面倒圆角对话框

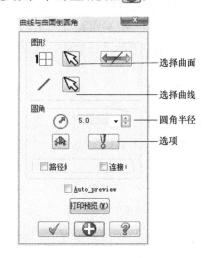

图 3-11　曲线与曲面倒圆角对话框

（3）曲面与平面倒圆角　选择【绘图】|【曲面】|【曲面倒圆角】|【曲面与平面】或单

击【曲面】工具栏中【曲面与平面】按钮 ，在系统提示下选择要倒圆角的曲面，按 **Enter** 键结束选择，弹出【平面选择】对话框，选择所需平面，单击确认按钮 ✓，弹出【平面与曲面倒圆角】对话框，如图 3-12 所示，设置平面与曲面倒圆角参数，单击应用按钮 ➕。

在倒圆角时，可以通过单击对话框中【选项】按钮，进入曲面倒圆角选项对话框，如图 3-13 所示，可以根据需要进行相应的设置。

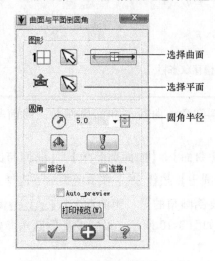

图 3-12　平面与曲面倒圆角对话框

图 3-13　曲面倒圆角选项对话框

【任务实施】

步骤 1　线架造型，绘制前视绘图面轮廓，如图 3-14 所示。设置绘图面为前视绘图面，构图深度为 "0"，视角为前视图。

因外围轮廓的绘制在项目一里已经详细介绍，这里直接给出外围轮廓绘制结果，如图 3-15 所示，绘制方法不再赘述，这里详细介绍其他轮廓的绘制。

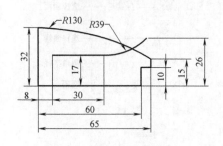

图 3-14　前视绘图面轮廓

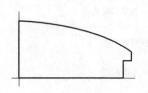

图 3-15　外围轮廓

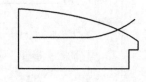

图 3-16　绘制直线和圆弧

单击【草图】工具栏中【绘制任意线】按钮 ↘，在系统提示下输入点坐标（8, 17），按 **Enter** 键，再输入点坐标（38, 17），完成直线图形绘制。

单击【草图】工具栏中【切弧】绘制按钮，设置状态栏参数，单击【切一物体】按钮，输入圆半径 "39"，选择刚绘制好的直线作为圆弧要与之相切的图素，将直线右端点作为切点位置，在显示的多段圆弧中选择自己所需的圆弧，单击应用按扭 ，如图 3-16 所示。

步骤 2　绘制右视绘图面轮廓。设置当前图层为第 1 层，绘图面为右视绘图面，构图深度为"8"，选择 2D 方式，视角为等角视图，如图 3-17 所示。

图 3-17　设置属性栏

单击【矩形】绘制按钮 右侧下拉列表，单击【矩形形状设置】按钮 ，设置矩形选项对话框参数，如图 3-18 所示，捕捉直线端点作为基准点，单击应用按扭 ，所得矩形如图 3-19 所示。

单击【草图】工具栏中【切弧】绘制按钮 ，设置状态栏参数，单击【三物体切弧】按钮 ，单击矩形的三条边，得到 $R10mm$ 的圆弧，如图 3-20 所示。

选择合适的方法编辑图形，结果如图 3-21 所示，得到所需的三维线架图。

步骤 3　曲面造型。设置当前图层为第 2 层，绘制扫描曲面和平面修剪曲面。

单击【曲面】工具栏中【扫描曲面】按钮 ，在【串连选项】对话框中单击【部分串连】按钮 ，在系统提示下单击如图 3-22a 所示箭头位置，再单击部分串连的最后一个图素，单击箭头所示位置，如图 3-22b 所示，完成截面方向外形选择，按 Enter 键，系统提示选择引导方向外形，在【串连选项】对话框中单击【串连】按钮 ，选择如图 3-22c 所示串连，按 Enter 键，单击应用按钮 ，结果如图 3-22d 所示。

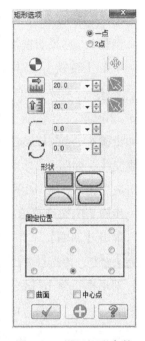

图 3-18　设置矩形参数

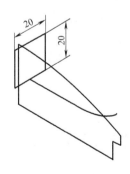

图 3-19　绘制矩形

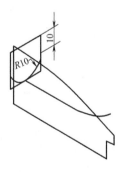

图 3-20　绘制切弧

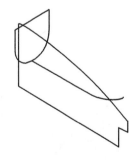

图 3-21　编辑图形

单击【曲面】工具栏中【平面修剪】按钮 ，选择封闭的轮廓，如图 3-22e 所示，按

Enter键，单击应用按钮➕，结果如图 3-22f 所示。

步骤 4　对两个曲面进行倒圆角，圆角半径为 2mm，注意倒圆角时两曲面法线方向应向内。

单击【曲面】工具栏中【曲面与曲面倒圆角】按钮，选择要倒圆角的一个曲面，按**Enter**键，再选择要倒圆角的另一个曲面，按**Enter**键，系统弹出【曲面与曲面倒圆角】对话框，单击【法向切换】按钮，检查法向是否准确，如不准确，可以选择曲面改变法向，准确法向如图 3-22g 所示，输入圆角半径"2"，选择【修剪】选项，单击应用按钮➕，结果如图 3-22h 所示。

步骤 5　选择前视绘图面，将三个曲面沿 Y 轴镜像。

单击【转换】工具栏的【镜像】按钮，在系统提示下选择要镜像的曲面后按**Enter**键，系统弹出【镜像】对话框，选择 Y 轴作为镜像轴，单击应用按钮➕，如图 3-22i 所示。

步骤 6　绘制旋转曲面。单击【曲面】工具栏中【旋转曲面】按钮，选择要旋转的轮廓曲线，如图 3-22j 所示，按**Enter**键，选择旋转轴，单击图 3-22k 中箭头指示的直线，单击应用按钮➕，如图 3-22l 所示。

步骤 7　曲面倒圆角。注意旋转曲面法线方向向内，其余曲面法线方向向外。

单击【曲面】工具栏中【曲面与曲面倒圆角】按钮，选择要倒圆角的旋转曲面，按**Enter**键，再选择要倒圆角的其余 6 个曲面，按**Enter**键，系统弹出【曲面与曲面倒圆角】对话框，单击【法向切换】按钮，准确设置法向，输入圆角半径"1"，选择【修剪】选项，单击应用按钮➕，如图 3-22m 所示。

关掉线架层，按 Alt + S 键切换着色模式，如图所示 3-22n 所示。

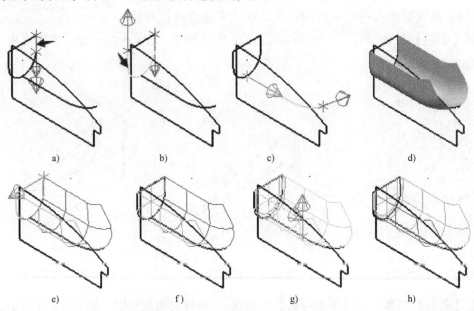

图 3-22　杯盖曲面的造型

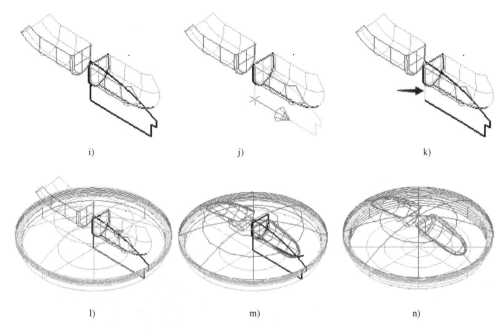

i)   j)   k)

l)   m)   n)

图 3-22 杯盖曲面的造型（续）

【任务评价】（表 3-1）

表 3-1 项目实施评价表

序号	检测内容与要求	分值	自评（25%）	小组评价（25%）	教师评价（50%）
1	学习态度	5			
2	绘制前视图所有图线,如图 3-16	10			
3	切换至右视图,设置构图深度,2D 方式	5			
4	完成图 3-21 所示图形	5			
5	扫描图 3-22d 所示曲面	10			
6	镜像图 3-22i 所示曲面	5			
7	旋转生成杯盖曲面	5			
8	利用倒圆命令修剪曲面,如图 3-22n 所示	15			
9	按指定文件名,上交至规定位置	5			
10	任务实施方案的可行性,完成的速度	10			
11	小组合作与分工	5			
12	学习成果展示与问题回答	10			
13	安全、规范、文明操作	10			
	总分	100	合计:		
问题记录和解决方法	实施中出现的问题和采取的解决方法				

任务2　　旋钮曲面造型

【任务描述】

用曲面造型方法绘制如图3-23所示三维线架图和旋钮曲面。

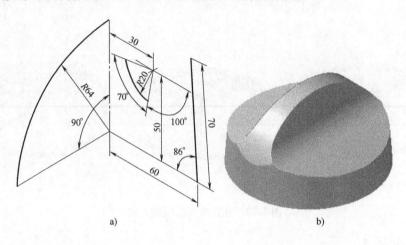

a)　　　　　　　　　　　　　　　b)

图3-23　旋钮

【任务分析】

本任务需要绘制旋钮三维线架图，再利用画好的线架图进行曲面造型，该任务的曲面造型过程需要运用牵引曲面、旋转曲面、修剪曲面、曲面延伸、倒圆角曲面熔接等功能，通过该任务的学习，可以掌握常用曲面编辑功能、曲面造型方法和操作技巧。

【知识链接】

1. 曲面修剪和延伸

（1）曲面修剪　有3种方式：修整至曲面、修整至曲线、修整至平面。

1）修整至曲面。选择【绘图】|【曲面】|【修剪】|【修整至曲面】或单击【曲面】工具栏中【修整至曲面】按钮 ，在系统提示下选择要修剪的第一组曲面，按 **Enter** 键，在系统提示下选择要修剪的第二组曲面，按 **Enter** 键，显示状态栏如图3-24所示，设置修剪状态栏，系统提示指出保留区域，在要保留的曲面区域单击，单击应用按钮 。

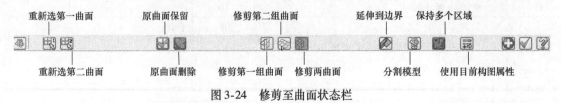

图3-24　修剪至曲面状态栏

2）修整至曲线。选择【绘图】|【曲面】|【修剪】|【修整至曲线】或单击【曲面】工

具栏中【修整至曲线】按钮⊞，在系统提示下选择要修剪的曲面，按 **Enter** 键，弹出【串连选项】对话框，在系统提示下选择封闭的曲线，按 **Enter** 键，显示状态栏如图 3-25 所示，设置修剪状态栏，系统提示指出保留区域，在要保留的曲面区域单击，单击应用按钮➕。

图 3-25　修剪至曲线状态栏

3）修整至平面。选择【绘图】|【曲面】|【修剪】|【修整至平面】或单击【曲面】工具栏中【修整至平面】按钮，在系统提示下选择要修剪的曲面，按 **Enter** 键，弹出【平面选择】对话框，定义平面，单击确定按钮，系统提示指出保留区域，在要保留的曲面区域单击，单击应用按钮➕。

（2）曲面延伸

1）修剪延伸曲面到边界。选择【绘图】|【曲面】|【修剪延伸曲面到边界】或单击【曲面】工具栏中【修剪延伸曲面到边界】按钮，在系统提示下选择要修剪延伸的曲面，按 **Enter** 键，系统给出修剪延伸曲面操作选项，如图 3-26 所示，设定后单击应用按钮➕。

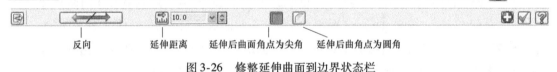

图 3-26　修整延伸曲面到边界状态栏

2）曲面延伸。选择【绘图】|【曲面】|【曲面延伸】或单击【曲面】工具栏中【曲面延伸】按钮，在状态栏设置曲面延伸操作选项，如图 3-27 所示，在系统提示下选择要延伸的曲面，并按要求移动箭头到要延伸的边界，单击应用按钮➕。

图 3-27　曲面延伸状态栏

2. 恢复修剪、恢复边界和填补内孔

（1）恢复修剪　选择【绘图】|【曲面】|【恢复修剪曲面】或单击【曲面】工具栏中【恢复修剪曲面】按钮，选择要恢复修剪的曲面，单击确定按钮。

（2）恢复边界　选择【绘图】|【曲面】|【恢复曲面边界】或单击【曲面】工具栏中【恢复曲面边界】按钮，选择要恢复的曲面，按系统要求将箭头移动到要恢复的边界，单击确定按钮。

（3）填补内孔　选择【绘图】|【曲面】|【填补内孔】或单击【曲面】工具栏中【填补内孔】按钮，选择填补孔的曲面，按系统要求将箭头移动到内部孔的边界，单击确定按钮。

3. 分割曲面

选择【绘图】|【曲面】|【分割曲面】或单击【曲面】工具栏中【分割曲面】按钮，选择要分割的曲面，通过单击状态栏中【反向】按钮 来切换分割方向，单击确定按钮。

4. 曲面熔接

有3种功能：两曲面熔接、三曲面熔接和三圆角曲面熔接。

（1）两曲面熔接 能在两个曲面之间产生一个顺滑曲面将两曲面熔接起来。

选择【绘图】|【曲面】|【两曲面熔接】或单击【曲面】工具栏中【两曲面熔接】按钮，弹出【两曲面熔接】对话框，如图3-28所示，选择要熔接的一个曲面，并移动箭头到熔接的位置，注意熔接线方向应设置准确，再选择要熔接的另一个曲面，同样注意熔接线方向和位置，否则将生成扭曲曲面，单击应用按钮。

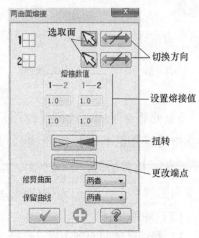

图3-28 两曲面熔接对话框

（2）三曲面间熔接 选择【绘图】|【曲面】|【三曲面间熔接】或单击【曲面】工具栏中【三曲面间熔接】按钮，选择要熔接的三个曲面，注意熔接线方向和位置，按 **Enter** 键，弹出【三曲面熔接】对话框，对话框中参数意义与两曲面熔接对话框中参数意义相同，设置三曲面熔接参数，单击应用按钮。

（3）三圆角曲面熔接 选择【绘图】|【曲面】|【三圆角曲面熔接】或单击【曲面】工具栏中【三圆角曲面熔接】按钮，在系统提示下，单击三个要熔接的圆角曲面，弹出【三圆角曲面熔接】对话框，如图3-29所示，设置三圆角曲面熔接参数后，单击应用按钮。

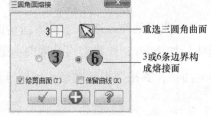

图3-29 三圆角曲面熔接对话框

5. 由实体生成曲面

选择【绘图】|【曲面】|【由实体生成曲面】或单击【曲面】工具栏中【由实体生成曲面】按钮，在系统提示下，选择要产生曲面的主体或面，状态栏如图3-30所示，根据需要确定选择实体的主体或面，按 **Enter** 键，单击应用按钮。

图3-30 实体生成曲面状态栏

6. 基本曲面

包括圆柱体面、圆锥体面、立方体面、球体面和圆环体面。

选择【绘图】|【曲面】|【基本曲面/实体】，如图3-31a所示，或单击【草图】工具栏

中【基本曲面/实体】按钮 右侧下三角按钮，如图 3-31b 所示，选择相应的曲面进行绘制。

a)　　　　　　　　　　　　　　b)

图 3-31　基本曲面/实体功能

基本曲面造型方法共同特点是参数化造型，通过改变曲面参数，可以方便地绘出各种曲面，具体方法可以参考相关书籍。

【任务实施】

步骤1　线架造型，绘制前视绘图面轮廓。设置当前图层为第1层，设置绘图面为前视绘图面，构图深度为"0"，视角为前视图，绘制如图3-32所示的线架图。

步骤2　绘制 R20mm 的圆弧。单击【草图】工具栏中【极坐标圆弧】绘制按钮，圆心点坐标输入（30，50），设置状态栏参数如图 3-33 所示，单击应用按钮。

步骤3　绘制长度为 70mm 的直线。单击【草图】工具栏中【绘制任意线】按钮，在系统提示下输入起点坐标（60，0），按 **Enter** 键，设置状态栏参数如图 3-34 所示，单击应用按扭，结果如图 3-36a 所示。

构造线在实际曲面造型中没有用到，可以不画。

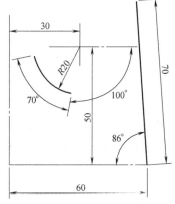

图 3-32　前视绘图面轮廓

步骤4　绘制右视绘图面轮廓。设置当前图层为第 2 层，绘图面为右视绘图面，构图深度为"0"，视角为等角视图，绘制如图 3-36b 所示的线架图。

步骤5　绘制 R64mm 的圆弧。单击【草图】工具栏中【极坐标圆弧】绘制按钮 ，圆心点坐标捕捉原点，设置状态栏参数如图 3-35 所示，单击应用按扭 。

图 3-33　设置圆弧参数

图 3-34　设置直线参数

图 3-35　设置圆弧参数

步骤6　画构造线。修改线型为中心线，单击工具栏中【绘制任意线】按钮 ，捕捉原点为起点，捕捉圆弧端点为终点，单击应用按钮 ，其余构造线在造型时没有用到，可以不画，绘制结果如图 3-36c 所示。

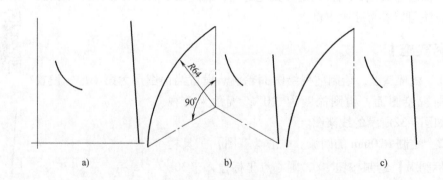

图 3-36　旋钮线架造型

步骤7　曲面造型，设置当前图层为第 3 层，绘制牵引曲面。设置绘图面为右视绘图面，等角视图观察。单击【曲面】工具栏中【牵引曲面】按钮 ，在【串连选项】对话框中单击【单体】按钮 ，选择 R64mm 的圆弧为要牵引的轮廓，如图 3-37 所示，按 Enter 键，设置牵引曲面参数如图 3-38 所示，注意牵引方向，单击应用按钮 ，如图 3-39所示。

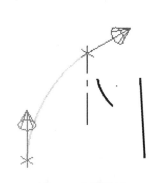

图 3-37 选择圆弧

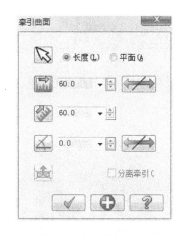

图 3-38 牵引曲面对话框

图 3-39 牵引曲面

步骤 8 单击【曲面】工具栏中【旋转曲面】按钮 ，选择要旋转的直线，如图 3-40 所示，按 **Enter** 键，设置旋转曲面参数如图 3-41 所示，选择经过原点的中心线为旋转轴，可以单击【反向】按钮 来选择相应的旋转曲面，单击应用按钮 ，结果如图 3-42 所示。

步骤 9 修剪曲面。单击【曲面】工具栏中【修整至曲面】按钮 ，在系统提示下选择要修剪的第一个曲面，按 **Enter** 键，选择要修剪的第二个曲面，按 **Enter** 键，设置修剪状态栏，如图 3-43 所示，单击保留的曲面区域，第一个曲面单击位置如图 3-44a 所示，第二个曲面单击位置如图 3-44b 所示，单击应用按钮 ，结果如图 3-44c 所示。

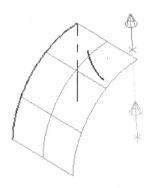

图 3-40 选择直线

图 3-41 旋转曲面参数设置

步骤 10 绘制牵引曲面。设置绘图面为前视绘图面，等角视图观察。单击【曲面】工具栏中【牵引曲面】按钮 ，选择 *R*20mm 的圆弧为要牵引的轮廓，如图 3-45 所示，按 **Enter** 键，设置牵引曲面参数如图 3-46 所示，注意牵引方向，单击应用按钮 ，如图 3-47 所示。

步骤 11 曲面延伸。单击【曲面】工具栏中【曲面延伸】按钮 ，选择上一步完成的牵引曲面作为要延伸的曲面，并将箭头移动到要延伸的边界，如图 3-48 所示，设置曲面延伸状态栏如图 3-49 所示，延伸长度的设置只要延伸到上表面即可，单击应用按钮 ，如图 3-50 所示。

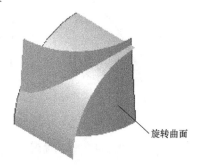

旋转曲面

图 3-42 旋转曲面

图 3-43　修剪曲面状态栏

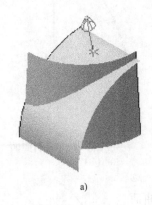

a)

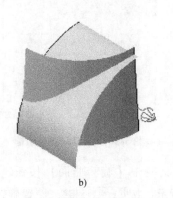

b)

c)

图 3-44　曲面修剪

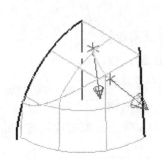

图 3-45　选择 R20mm 的圆弧

图 3-46　牵引曲面对话框

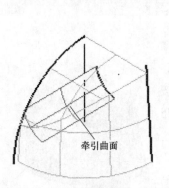

图 3-47　牵引曲面

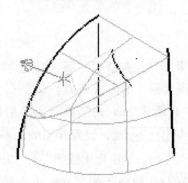

图 3-48　选曲面将箭头移至延伸边界

图 3-49　设置曲面延伸状态栏

步骤12　对上一步完成的曲面另一侧进行延伸,将箭头移动到要延伸的边界,如图 3-51所示,参数设置如图 3-52 所示,延伸长度只需延伸到外表面即可,单击应用按钮 ,如图 3-53 所示。

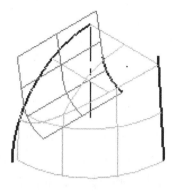

图 3-50　曲面延伸

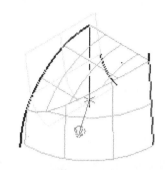

图 3-51　选曲面将箭头移至延伸边界

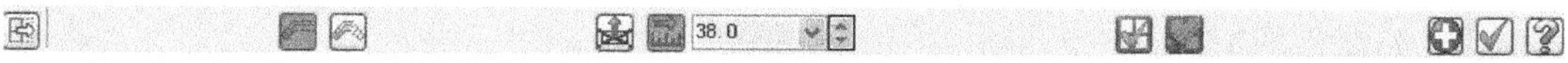

图 3-52　设置曲面延伸状态栏

步骤13　修剪曲面。单击【曲面】工具栏中【修整至曲面】按钮 ,在系统提示下选择要修剪的第一个曲面,单击箭头 1 指示的曲面,按 Enter 键,选择要修剪的第二个曲面,单击箭头 2 指示的曲面,如图 3-54 所示,按 Enter 键,设置修剪曲面状态栏,如图 3-55 所示,单击保留的曲面区域,将箭头移动到曲面上要保留的区域,单击应用按钮 ,如图 3-56 所示;同理对曲面 1 和曲面 3 进行修剪,修剪结果如图 3-57 所示。

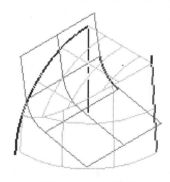

图 3-53　曲面延伸

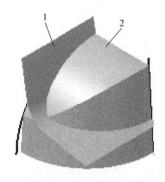

图 3-54　选择曲面 1 和 2

图 3-55　修剪曲面状态栏

步骤14　曲面倒圆角。将上一步生成的 1、2、3 三个曲面两两之间倒圆角,注意曲面法线方向。曲面 1 与曲面 2 间倒圆角,半径为 1mm,单击【曲面】工具栏中【曲面与曲面倒圆角】按钮 ,选择图 3-57 所示的曲面 1,按 Enter 键,选择曲面 2,按 Enter 键,系统弹出【曲面与曲面倒圆角】对话框,单击【法向切换】按钮 ,准确设置法向,输入圆角半径"1",选择【修剪】选项,单击应用按钮 ,如图 3-58a 所示。

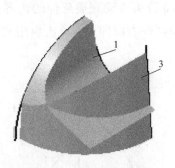

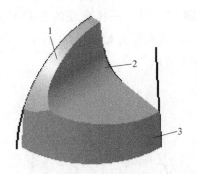

图 3-56　选择曲面 1 和 3　　　　　　　　　图 3-57　修剪后的曲面

步骤 15　曲面 2 与曲面 3 间倒圆角，半径为 1mm，与上一步操作方法相同。单击【曲面】工具栏中【曲面与曲面倒圆角】按钮，选择要倒圆角的曲面 2，按 **Enter** 键，选择要倒圆角的曲面 3，按 **Enter** 键，系统弹出【曲面与曲面倒圆角】对话框，单击【法向切换】按钮，准确设置法向，输入圆角半径"1"，选择【修剪】选项，单击应用按钮，如图 3-58b 所示。

步骤 16　曲面 1 与曲面 3 间倒圆角，半径为 3mm，与上一步操作方法相同。单击【曲面】工具栏中【曲面与曲面倒圆角】按钮，选择要倒圆角的曲面 1，按 **Enter** 键，选择要倒圆角的曲面 3，按 **Enter** 键，系统弹出【曲面与曲面倒圆角】对话框，输入圆角半径 3，选择【修剪】选项，单击应用按钮，如图 3-58c 所示。

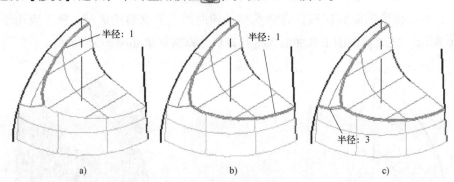

a)　　　　　　　　　　b)　　　　　　　　　　c)

图 3-58　曲面倒圆角

步骤 17　倒圆角曲面熔接. 单击【曲面】工具栏中【三圆角曲面熔接】按钮，在系统提示下，单击上一步生成的三个圆角曲面，系统弹出【三圆角面熔接】对话框，如图 3-59 所示，设置三圆角曲面熔接参数后，单击应用按钮，如图 3-60 所示。

步骤 18　镜像，选择俯视绘图面进行曲面镜像。设置绘图面为俯视绘图面，观察视角为等角视图。单击【转换】工具栏的【镜像】按钮，在系统提示下单击【标准选择】状态栏中的 全部… 按钮，在弹出的【全选】对话框中勾选【曲面】选项，单击确定按钮，此时所有曲面被选定，按 **Enter** 键，系统弹出【镜像】对话框，镜像方式选择复制，镜像轴选择 X 轴，单击应用按钮，如图 3-61a 所示；继续镜像操作，方法与上一步相同，镜像轴选择 Y 轴，结果如图 3-61b 所示。

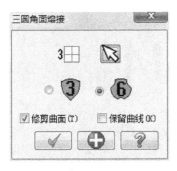

图 3-59 倒圆角曲面熔接对话框

熔接曲面

图 3-60 熔接后的曲面

步骤 19 关掉线架层，按 Alt + S 键切换着色模式，如图 3-61c 所示。

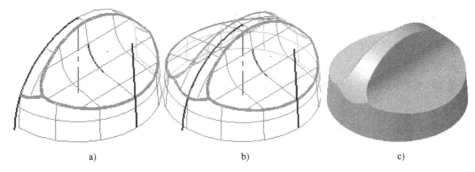

a) b) c)

图 3-61 旋钮曲面造型

【任务评价】（表 3-2）

表 3-2 项目实施评价表

序号	检测内容与要求	分值	自评（25%）	小组评价（25%）	教师评价（50%）
1	学习态度	5			
2	设置图层,绘制前视图所有图线,如图 3-32 所示	5			
3	设置图层,在右视图绘制旋钮线架,如图 3-36 所示	5			
4	设置图层,生成曲面,如图 3-42 所示	5			
5	修剪曲面,如图 3-44c 所示	10			
6	绘制牵引曲面,如图 3-47 所示	5			
7	延伸牵引曲面,如图 3-53 所示	5			
	修剪延伸的曲面,如图 3-57 所示	5			
	曲面倒圆角,如图 3-58 所示	5			
8	熔接所有三曲面相交部分,如图 3-61 所示	10			
9	按指定文件名,上交至规定位置	5			
10	任务实施方案的可行性,完成的速度	10			
11	小组合作与分工	5			
12	学习成果展示与问题回答	10			
13	安全、规范、文明操作	10			
总分		100	合计：		
问题记录和解决方法	实施中出现的问题和采取的解决方法				

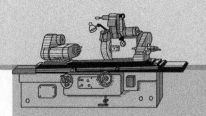

项目4

实体造型

【学习目标】

通过本项目工作任务的学习，达到熟练运用各种实体造型及实体编辑的方法，能快速准确地进行实体造型。

（1）掌握挤压（拉伸）实体、旋转实体、扫描实体、举升实体及基本实体等实体生成方法。

（2）掌握常用实体编辑命令，如实体倒圆角、倒角、抽壳、修剪、实体加厚和布尔运算等。

（3）了解实体造型的一般过程和技巧。

任务1　实体造型基础

【任务描述】

运用相关命令完成如图 4-1 所示的实体造型，初步掌握常用实体造型功能和操作技巧。

【任务分析】

本任务选择的压板实体造型比较简单，主要通过挤出实体、旋转实体、增加凸缘和切割实体等方法实现该任务，通过学习，可以掌握常用实体造型命令及造型方法。

【知识链接】

Mastercam 提供了丰富的实体设计和实体编辑功能。包括挤出实体、旋转实体、扫描实体、举升实体、实体倒圆角、实体布尔运算及其他实体编辑功能。

要启动实体设计，选择【实体】，如图 4-2a 所示，或单击【实体】工具栏中相关功能按钮，如图 4-2b 所示。

1. 挤出实体

挤出实体又称拉伸实体，用于将一个或多个封闭的截面轮廓沿指定方向进行拉伸生成的造型，可以在原有实体上增料，也可在原有实体上切除。

选择【实体】|【挤出实体】或单击【实体】工具栏中【挤出实体】按钮，弹出串

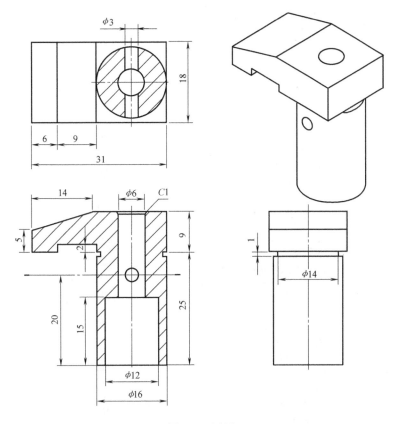

图 4-1　压板

连选项对话框，在绘图区依次选择要拉伸的串连图素，按 **Enter** 键或单击确定按钮 ，系统弹出【实体挤出的设置】对话框，该对话框包含两个选项：【挤出】选项，如图 4-3 所示；【薄壁设置】选项，如图 4-4 所示。根据需要设置【实体挤出的设置】对话框后，单击确定按钮 。

2. 旋转实体

用于将选择的截面轮廓绕某一轴线旋转而产生的造型，可以在原有实体上增料，也可在原有实体上切除。

选择【实体】|【旋转实体】或单击【实体】工具栏中【旋转实体】按钮 ，弹出串连选项对话框，在系统提示下选择要旋转的轮廓曲线，按 **Enter** 键或单击确定按钮 ，系统提示选择一直线作为旋转轴，单击作为参考轴的直线，系统弹出【方向】对话框，如图 4-5 所示，单击确定按钮 ，弹出【旋转实体的设置】对话框，该对话框包含【旋转】和【薄壁设置】两个选项，如图 4-6a、b 所示，根据需要设置【旋转实体的设置】对话框后，单击确定按钮 。

3. 扫描实体

用于将选择的一个截面轮廓沿着指定的路径扫描出的造型，可以在原有实体上增料，也可在原有实体上切除。用于扫描的路径要避免尖角，以免扫描失败。

机械CAD/CAM（Mastercam）

图 4-2　实体菜单

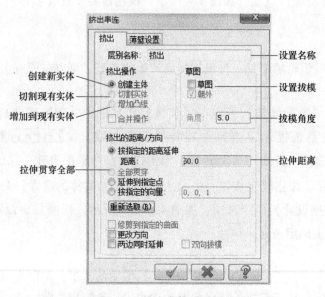

图 4-3　挤出实体对话框

选薄壁件
设置方向
设置厚度

图4-4 挤出实体薄壁设置对话框

图4-5 方向选择对话框

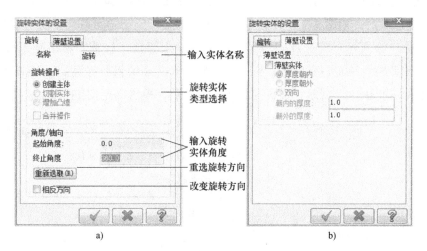

输入实体名称

旋转实体
类型选择

输入旋转
实体角度

重选旋转方向
改变旋转方向

a)   b)

图4-6 旋转实体对话框

选择【实体】|【扫描实体】或单击【实体】工具栏中【扫描实体】按钮 ，弹出串连选项对话框，在系统提示下选择要扫掠的串连图素，按 **Enter** 键或单击确定按钮 ，在系统提示下选择扫掠路径，系统弹出【扫描实体】对话框，如图4-7所示，选择扫描操作类型后单击确定按钮 。

4. 举升实体

也叫放样实体，是由两个或两个以上的封闭截面轮廓，按指定的熔接方式进行各轮廓间的放样造型。注意：选择封闭串连时应使串连的起点对准，串连的方向应一致。

选择【实体】|【举升实体】或单击【实体】工具栏中【举升实体】按钮 ，系统弹出串连选项对话框，在系统提示下选择封闭的串连图素，按 **Enter** 键或单击确定按钮 ，系统弹出【举升实体】对话框，如图4-8所示，选择举升实体操作类型后单击确定

按钮 ✔ 。

图 4-7　扫描实体对话框

图 4-8　举升实体对话框

5. 实体倒圆角

　　是用来在实体的棱边处，按照指定的圆角半径创建的圆弧面。圆角半径可以是固定的，也可以是变化的。实体倒圆角命令有两个：【实体倒圆角】和【面与面倒圆角】。

　　（1）实体倒圆角　选择【实体】|【倒圆角】|【实体倒圆角】或单击【实体】工具栏中【实体倒圆角】按钮 █，在系统提示下选择要倒圆角的图素，此时【标准选择】工具栏中选择图素模式被激活，如图 4-9 所示，选择图素后按 **Enter** 键，系统弹出【倒圆角参数】对话框，如图 4-10 所示，若选择固定半径方式，输入圆角半径值，单击确定按钮 ✔ ；若选择变化半径方式，则需插入变化半径的位置，单击【编辑】按钮，系统弹出插入变化半径方式菜单，如图 4-11 所示，设置变化半径参数后，单击确定按钮 ✔ 。

　　　　　　　　　　选实体边　　选实体面　　选实体　　从背面选　　选上次选的实体

图 4-9　选择图素状态栏

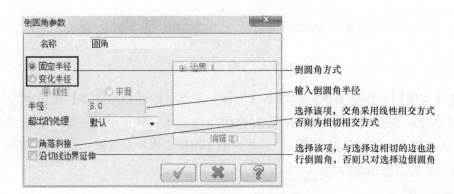

图 4-10　实体倒固定半径圆角对话框

　　（2）实体面与面倒圆角　用来在两个实体面间产生圆角，这两个面不需要有共同的边，且两个面之间的孔或槽会被圆角填充覆盖。

　　选择【实体】|【倒圆角】|【面与面倒圆角】或单击【实体】工具栏中【面与面倒圆角】按钮 █，在系统提示下选择要倒圆角的第一组面，按 **Enter** 键，选择要倒圆角的第

二组面,按 **Enter** 键,系统弹出【实体的面与面倒圆角参数】对话框,如图 4-12 所示,设置参数后单击确定按钮 ![勾选] 。

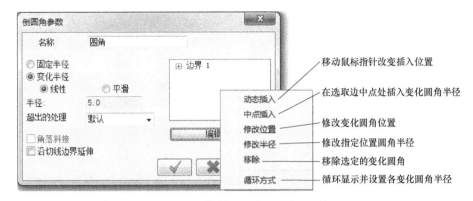

图 4-11 实体倒变量半径圆角对话框

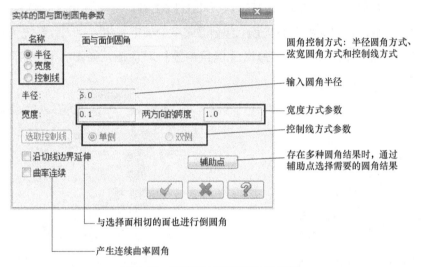

图 4-12 实体面与面倒圆角对话框

6. 实体倒角

用来将实体的棱边以切除材料方式实现倒角。有 3 种操作方式:【单一距离倒角】、【不同距离】和【距离/角度】。

(1)单一距离倒角 是对实体棱边进行相同距离的倒角。

选择【实体】|【倒角】|【单一距离倒角】或单击【实体】工具栏中【单一距离倒角】按钮 ![1] ,选择要倒角的棱边,按 **Enter** 键,系统弹出【倒角参数】对话框,如图 4-13 所示,设置倒角参数后,单击确定按钮 ![勾选] 。

(2)不同距离倒角 选择【实体】|【倒角】|【不同距离】或单击【实体】工具栏中【不同距离】按钮 ![2] ,选择要倒角的棱边,按 **Enter** 键,系统弹出【选取参考面】

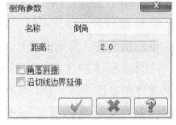

图 4-13 实体倒角参数对话框

对话框，如图4-14所示，选取参考面后按 Enter 键或单击确定按钮 ，系统仍然提示选择要倒角的图素，按 Enter 键，系统弹出【倒角参数】对话框，如图4-15所示，设置倒角参数后，单击确定按钮 。

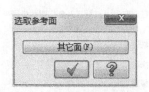

图4-14　参考面选择对话框

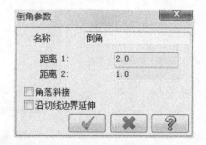

图4-15　不同距离倒角对话框

（3）距离/角度倒角　选择【实体】|【倒角】|【距离/角度】或单击【实体】工具栏中【距离/角度】按钮 ，选择要倒角的棱边，按 Enter 键，系统弹出【选取参考面】对话框，如图4-16所示，选取参考面后按 Enter 键或单击确定按钮 ，系统仍然提示选择要倒角的图素，按 Enter 键，系统弹出【倒角参数】对话框，如图4-17所示，设置倒角参数后，单击确定按钮 。

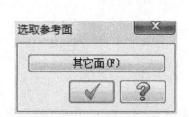

图4-16　参考面选择对话框

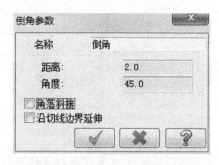

图4-17　距离/角度倒角对话框

7. 实体抽壳

用来把实体挖空，抽壳的距离就是挖空后的厚度。进行操作时如果选择整个实体，则生成一个封闭的壳体，如果选择实体面，则生成开口壳体。

选择【实体】|【实体抽壳】或单击【实体】工具栏中【实体抽壳】按钮 ，系统提示选择要保留开启的主体或面，选择后按 Enter 键，系统弹出【实体抽壳】对话框，如图4-18所示，设置实体抽壳参数后，单击确定按钮 。

8. 实体修剪

可使用平面、曲面或薄片实体对原有实体进行修剪。

选择【实体】|【实体修剪】或单击【实体】工具栏中【实体修剪】按钮 ，系统提示选择要修整的主体，选择实体后按 Enter 键，系统弹出【修剪实体】对话框，如图4-19所示，根据需要选择修剪到平面、曲面或薄片实体，如选择【平面】后单击确定按钮 ，系统会弹出【平面选择】对话框，定义平面后单击确定按钮 ，系统再次弹出

【修剪实体】对话框，根据需要选择修剪侧（或指定保留侧），也可全部保留，单击确定按钮 。

图 4-18　实体抽壳对话框

图 4-19　修剪实体对话框

9. 由曲面生成实体

用来将开放的或封闭的曲面转变成实体。若是开放的曲面，转换后的实体效果与曲面形状相同，可以认为此时形成的是厚度为"0"的实体，也即薄片实体。

选择【实体】|【由曲面生成实体】或单击【实体】工具栏中【由曲面生成实体】按钮 ，系统弹出【曲面转为实体】对话框，如图 4-20 所示，单击确定按钮 ，系统弹出提示对话框，如图 4-21 所示，选择【是】则系统弹出【颜色】对话框，以设置边界曲线的颜色，单击确定按钮 ；若上面选择【否】，则系统直接完成实体的转换。

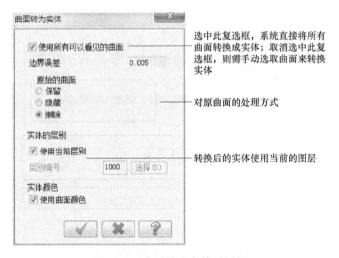

图 4-20　曲面转为实体对话框

图 4-21　提示对话框

10. 实体加厚

选择【实体】|【薄片实体加厚】或单击【实体】工具栏中【薄片实体加厚】按钮 ，系统提示选择要增加厚度的主体，选择主体后，系统弹出【增加薄片实体的厚度】对话框，如图 4-22 所示，设置厚度参数对话框后单击确定按钮 ，系统弹出【厚度方向】对话

框，如图 4-23 所示，单击确定按钮 。

图 4-22　增加薄片实体的厚度对话框

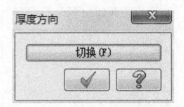

图 4-23　厚度方向选择对话框

11. 移动实体表面

用来将实体上选定的面移除，使其变为一个薄壁实体。被移除面的实体可以是封闭的实体，也可以是薄片实体。

选择【实体】|【移动实体表面】或单击【实体】工具栏中【移动实体表面】按钮 ，系统提示选择要移除的实体面，选择实体面后按 **Enter** 键，系统弹出【移除实体表面】对话框，如图 4-24 所示，设置移除实体表面参数对话框后单击确定按钮 ，系统弹出提示对话框，如图 4-25 所示，提示用户是否绘制边界曲线，单击【否】按钮，完成移除实体表面操作。

图 4-24　移除实体表面对话框

图 4-25　提示对话框

12. 牵引实体面

用来将实体上选定的面按指定的角度倾斜，以方便脱模。一个面被牵引时，其相邻的面将被修剪或延伸以适应新的几何形状。

选择【实体】|【牵引实体】或单击【实体】工具栏中【牵引实体】按钮 ，系统提示选择要牵引的实体面，选择实体面后按 **Enter** 键，系统弹出【实体牵引面的参数】对话框，如图 4-26 所示，设置牵引面参数后单击确定按钮 ，系统弹出【拔模方向】对话框，如图 4-27 所示，确定拔模方向后单击确定按钮 。

图 4-26　实体牵引面的参数对话框

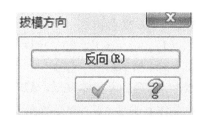

图 4-27　拔模方向选择对话框

13. 实体布尔运算

用来通过对多个实体进行结合、切割和交集的方法组成一个新的单独的实体。分为两类：关联布尔运算和非关联布尔运算，二者的区别是关联布尔运算的原实体将被删除，而非关联布尔运算的原实体可以选择保留。

（1）关联布尔运算

1）布尔求和操作用来将多个独立的实体合并为一个整体。

选择【实体】|【布尔运算-结合】或单击【实体】工具栏中【布尔运算-结合】按钮，系统提示选择要进行布尔运算的目标主体，选择目标实体后系统提示选取要进行布尔运算的工件主体，在绘图区选择工件实体，按 **Enter** 键结束操作。

2）布尔求差操作是在目标主体中切掉与工件主体公共部分的材料。

选择【实体】|【布尔运算-切割】或单击【实体】工具栏中【布尔运算-切割】按钮，系统提示选择要进行布尔运算的目标实体，在绘图区选择实体后系统提示选取要进行布尔运算的工件实体，在绘图区选择工件实体，按 **Enter** 键结束操作。

3）布尔求交操作是将目标实体和工件实体中公共部分组成新的实体。

选择【实体】|【布尔运算-交集】或单击【实体】工具栏中【布尔运算-交集】按钮，系统提示选择要进行布尔运算的目标实体，在绘图区选择目标实体后系统提示选取要进行布尔运算的工件实体，在绘图区选择工件实体，按 **Enter** 键结束操作。

（2）非关联布尔运算　非关联布尔运算包括【切割】和【交集】两种操作，其操作步骤与关联布尔运算的【切割】和【交集】操作步骤相似。不同之处在于系统还将弹出如图 4-28 所示的实体非关联的布尔运算对话框，用户可以根据需要选择布尔运算完毕是否保留原实体。

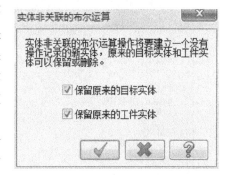

图 4-28　实体非关联的布尔运算对话框

【任务实施】

步骤 1　设置工作环境。设置绘图面为前视绘图面，构图深度为"0"，视角为前视图，层别为"1"。

步骤2　绘制草图1。单击【草图】工具栏中【绘制任意线】按钮 ，再单击【绘制任意线】状态栏中的【连续线】按钮 ，在系统提示下输入点坐标（0，0），按 Enter 键确认后接着输入点坐标（6，0），按 Enter 键，以此类推，连续输入（6，2），（15，2），（15，0），（31，0），（31，9），（14，9），（0，5），（0，0），完成直线图形绘制，如图4-36a所示。

步骤3　创建挤出实体特征。修改视角为等角视图，层别为10；单击【实体】工具栏中【挤出实体】按钮 ，选择草图1，如图4-36b所示，按 Enter 键，按照如图4-29所示设置【挤出串连】对话框，单击确定按钮 ，如图4-36c所示。

步骤4　绘制草图2。绘图面设置为前视绘图面，构图深度为"0"，视角为前视图，层别为2。单击【草图】工具栏中【绘制任意线】按钮 ，再单击【绘制任意线】状态栏中的【连续线】按钮 ，在系统提示下输入点坐标（23，0），按 Enter 键确认，接着输入点坐标（30，0），按 Enter 键，以此类推，连续输入（30，-1），（31，-1），（31，-25），（29，-25），（29，-10），（23，-10），（23，0），按 Enter 键后单击应用按钮 。完成直线图形的绘制，如图4-36d所示。

步骤5　创建旋转实体特征。修改视角为等角视图，层别为10；单击【实体】工具栏中【旋转实体】按钮 ，选择草图2，按 Enter 键，系统提示选择一直线作为旋转轴，单击作为参考轴的直线，系统弹出【方向】对话框，单击确定按钮 ，按照如图4-30所示设置【旋转实体的设置】对话框，单击确定按钮 ，结果如图4-36e所示。

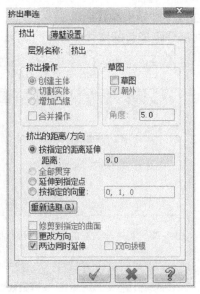

图4-29　挤出串连对话框

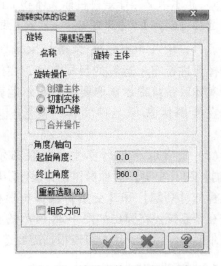

图4-30　旋转实体的设置对话框

步骤6　绘制草图3。绘图面设置为俯视绘图面，构图深度为"9"，选择如图4-36f所示的草绘平面，视角为等角视图，层别为3，2D绘图模式，如图4-31所示；单击【草图】工具栏中【圆心＋点】绘制按钮⊙，输入圆半径"3"，圆心点捕捉与旋转实体回转中心同心，如图4-36g所示，单击应用按钮➕，结果如图4-36h所示。

屏幕视角：等视图　WCS：俯视图　绘图平面：俯视图

图4-31　属性设置

步骤7　创建挤出切割实体特征。修改视角为等角视图，层别为10；单击【实体】工具栏中【挤出实体】按钮⬆️，选择草图3，按 **Enter** 键，按照如图4-32所示设置【挤出串连】对话框，单击确定按钮 ✓，结果如图4-36i所示。

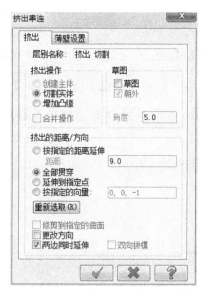

图4-32　挤出串连对话框

步骤8　绘制草图4。绘图面设置为前视绘图面，构图深度为"0"，视角为前视图，层别为4；单击【草图】工具栏中【圆心＋点】绘制按钮⊙，输入圆半径"1.5"，圆心点选择相对点坐标方式，单击状态栏【相对点】按钮⬆️，系统提示输入已知点，点取如图4-36j所示的已知点，在状态栏按钮⚠️处输入直角坐标（0，5），如图4-33所示，按 **Enter** 键，单击应用按扭➕，结果如图4-36k所示。

图4-33　相对坐标方式状态栏

步骤9　创建挤出切割实体特征。修改视角为等角视图，层别为10；单击【实体】工具栏中【挤出实体】按钮⬆️，选择草图4，按 **Enter** 键，按照如图4-34所示设置【挤出串连】对话框，单击确定按钮 ✓，结果如图4-36l所示。

图4-34　挤出串连对话框

图4-35　实体参数设置对话框

步骤10　创建实体倒角特征。单击【实体】工具栏中【单一距离倒角】按钮，选择要倒角的棱边，按 **Enter** 键，按图4-35所示【倒角参数】对话框设置参数，单击确定按钮，如图4-36m所示。

关闭线架层，实体着色如图4-36n所示。

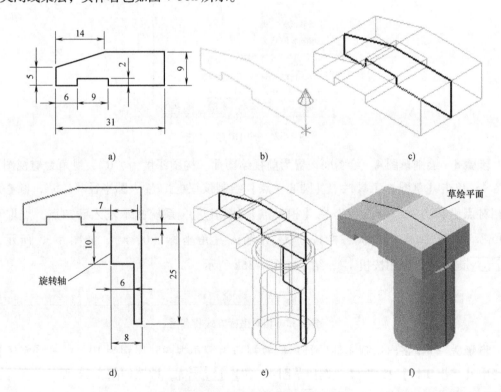

图4-36　压板三维造型过程

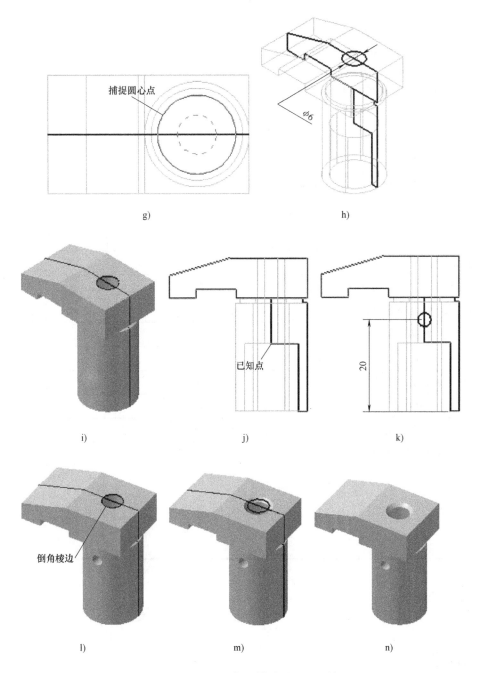

图4-36 压板三维造型过程（续）

【任务评价】（表4-1）

表4-1 项目实施评价表

序号	检测内容与要求	分值	自评 （25%）	小组评价 （25%）	教师评价 （50%）
1	学习态度	5			

（续）

序号	检测内容与要求	分值	自评（25%）	小组评价（25%）	教师评价（50%）
2	按要求设置工作环境,如所有图层,并将图素放入相应图层及视角设置等	10			
3	完成图 4-36b 所示草图	10			
4	用挤出命令生成实体	5			
5	绘制图 4-36d 所示草图,旋转生成图 4-36e	10			
6	合理选择草图平面,绘制图 4-36h 所示圆,挤出得到图 4-36i 所示效果	10			
7	绘制图 4-36k 所示圆,挤出得通孔	5			
8	倒圆,倒角	5			
9	按指定文件名,上交至规定位置	5			
10	任务实施方案的可行性,完成的速度	10			
11	小组合作与分工	5			
12	学习成果展示与问题回答	10			
13	安全、规范、文明操作	10			
总分		100	合计：		

问题记录和解决方法	实施中出现的问题和采取的解决方法

任务2　　电子卡盒三维实体造型

【任务描述】

用实体造型方法绘制如图 4-37a 所示的电子卡盒。未添加拔模、倒角、抽壳修饰的模型参考尺寸如图 4-37b 所示。

【任务分析】

本任务需要绘制线架图,再利用画好的线架图进行实体造型。在实体造型过程中,需要运用挤压实体、增加凸台、切除实体、牵引实体、实体倒圆角、实体抽壳等功能,通过该任务的学习,可以掌握常用实体造型功能、方法和操作技巧。

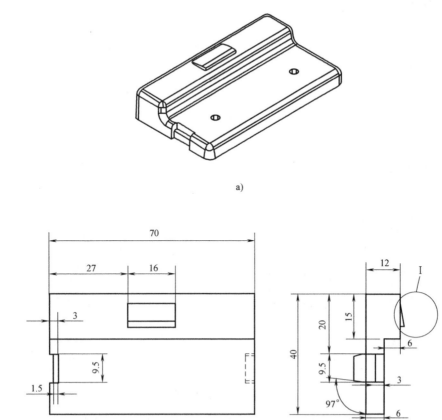

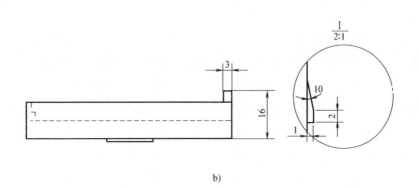

图 4-37 电子卡盒

【知识链接】

1. 基本实体

基本实体包括圆柱体、圆锥体、立方体、球体和圆环体。

选择【绘图】|【基本曲面/实体】，如图 4-38a 所示，或单击【草图】工具栏中【基本曲面/实体】按钮 右侧下三角按钮，选择相应的实体进行绘制，如图 4-38b 所示。

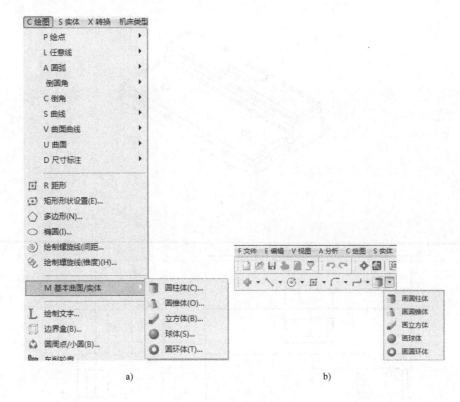

图 4-38   基本实体菜单

基本实体造型方法共同特点是参数化造型，通过改变实体造型参数，可以方便地绘出各种基本实体。

（1）圆柱体   选择【实体】|【基本曲面/实体】|【画圆柱体】或单击工具栏中【画圆柱体】按钮，系统弹出【圆柱】对话框，单击标题栏按钮，展开对话框如图 4-39 所示。设置圆柱体参数后，输入或点取基准点位置，单击应用按钮。

（2）圆锥体   选择【实体】|【基本曲面/实体】|【画圆锥体】或单击工具栏中【画圆锥体】按钮，系统弹出【锥体】对话框，单击标题栏按钮，展开对话框如图 4-40 所示。设置圆锥体参数后，输入或点取基准点位置，单击应用按钮。

（3）立方体   选择【实体】|【基本曲面/实体】|【画立方体】或单击工具栏中【画立方体】按钮，系统弹出【立方体】对话框，单击标题栏按钮，展开对话框如图 4-41 所示。设置立方体参数后，输入或点取基准点位置，单击应用按钮。

（4）球体   选择【实体】|【基本曲面/实体】|【画球体】或单击工具栏中【画球体】按钮，系统弹出【球体】对话框，单击标题栏按钮，展开对话框如图 4-42 所示。设置球体参数后，输入或点取基准点位置，单击应用按钮。

（5）圆环体   选择【实体】|【基本曲面/实体】|【画圆环体】或单击工具栏中【画圆环体】按钮，系统弹出【圆环体】对话框，单击标题栏按钮，展开对话框如图 4-43 所示。设置圆环体参数后，输入或点取基准点位置，单击应用按钮。

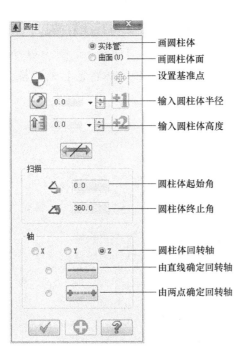

图 4-39 圆柱对话框

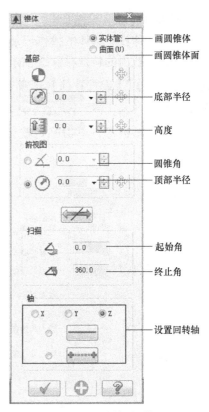

图 4-40 锥体对话框

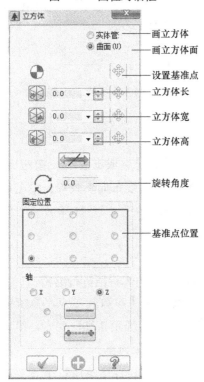

图 4-41 立方体对话框

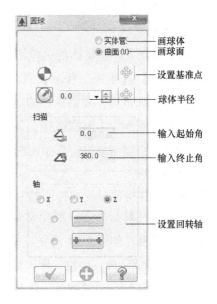

图 4-42 圆球对话框

2. 查找实体特征

由于导入实体没有具体的操作记录，而通过查找实体特征可用来查找导入实体的圆角和孔特征，并将查找出的特征移除或创建新的特征，从而实现对导入实体的编辑。

选择【实体】|【查找特征】或单击【实体】工具栏中【查找实体特征】按钮![按钮]，选择要查找特征的导入实体，按 **Enter** 键，系统弹出【查找特征】对话框，如图4-44所示，设置特征类型、参数等，单击确定按钮![确定]，系统会弹出【发现实体特征】对话框，单击确定按钮。

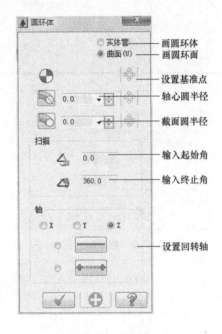

图 4-43　圆环体对话框

图 4-44　查找特征对话框

3. 实体图布局

实体图布局用来产生实体的三视图和轴测图。

选择【实体】|【生成工程图】或单击【实体】工具栏中【生成工程图】按钮![按钮]，系统弹出【实体图纸布局】对话框，如图4-45所示，设置实体图纸布局参数等，单击确定按钮![确定]，系统会弹出【深度选择】对话框，单击确定按钮![确定]，系统弹出【实体图纸布局】对话框，根据需要设定后单击确定按钮![确定]。

4. 实体管理器

用来显示实体构建过程和特征的父子关系，还可以实现对实体特征进行编辑。

（1）修改实体特征参数　展开要编辑的特征，单击其下的【参数】节点，系统弹出创建该特征的对话框，如图4-46所示，重新设置特征参数，单击确定按钮![确定]，单击实体操作管理器中 全部重建 按钮，即可显示修改特征参数后的实体效果。

（2）修改实体特征二维图形　展开要编辑的特征，单击其下的【图形】节点，可以编辑创建实体特征的所用图素。对于举升、拉伸、旋转和扫描等操作，系统弹出【实体串连

图 4-45　实体图纸布局对话框

图 4-46　修改实体特征参数对话框

管理】对话框。将鼠标指针移至【串连 1】命令上，单击鼠标右键，在系统弹出的命令下可进行相应的操作。对于倒圆角、倒角和抽壳等操作，系统会返回绘图区，提示用户重新选择图素，如图 4-47 所示。

（3）改变特征构建顺序　可以用拖动的方式改变实体特征构建顺序，如图 4-48 所示，从而得到新的几何模型。

图 4-47　修改实体特征二维图形对话框

图 4-48　改变特征构建顺序

每个实体操作列表中都有结束操作标志🛇结束操作，用户可以通过拖曳结束标志到某一位置来添加特征，如图 4-49 所示。

（4）删除实体特征　用于将选择的实体特征删除。

注意：第一个实体为基本实体，是不能删除的。

将鼠标指针移动到要删除的实体特征图标上，如图 4-50 所示，单击鼠标右键，在弹出的快捷菜单中选择【删除】命令，成功删除后，模型没有立即重建，需单击实体操作管理

器中 全部重建 按钮，实现删除特征操作后的效果。

图 4-49　拖曳结束图标　　　　　　　　　　　　　　图 4-50　删除实体特征

（5）屏蔽实体特征操作　用来暂时屏蔽特征操作效果。

注意：基本实体不能屏蔽。

将鼠标指针移动到要屏蔽的实体特征图标上，如图 4-51 所示，单击鼠标右键，在弹出的快捷菜单中选择【禁用】命令，此时选择的实体特征被屏蔽；若需重新显示该特征，可以通过同样的操作方法实现。

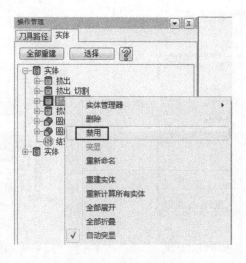

图 4-51　屏蔽实体特征

【任务实施】

步骤 1　绘制草图 1。设置绘图面为前视绘图面，构图深度为"0"，视角为前视图，层别为 1。单击【草图】工具栏中【绘制任意线】按钮 ，第一个端点捕捉原点，在状态栏单击【垂直】按钮 ，输入长度"12"，在适当位置单击，单击应用按钮；捕捉第一条线端点为起点，单击【水平】按钮，输入长度"15"，在适当位置单击，单击应用按钮；同理完成其他直线绘制，如图4-52所示。

步骤2 创建挤出实体特征。修改视角为等角视图，层别为10；单击【实体】工具栏中【挤出实体】按钮，选择草图1，按 **Enter** 键，

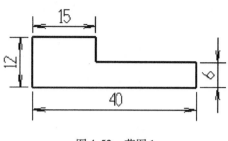

图4-52 草图1

按照如图4-53所示设置【挤出串连】对话框，单击确定按钮，如图4-54所示。

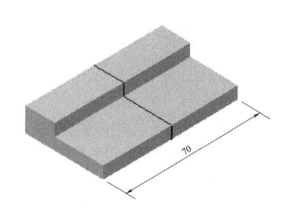

图4-53 挤出串连对话框

图4-54 挤出实体特征

步骤3 绘制草图2。绘图面设置为前视绘图面，构图深度为0，视角为前视图，层别为2。单击【草图】工具栏中【绘制任意线】按钮，在系统提示下输入点坐标（11，13），按 **Enter** 键确认，在状态栏单击【水平】按钮，输入长度"2"，在适当位置单击，单击应用按钮；捕捉第一条线端点为起点，在状态栏单击【垂直】按钮，输入长度"1"，在适当位置单击，单击应用按钮；捕捉第一条线另一端点为起点，单击【角度】按钮，输入角度"－170"，在适当位置单击，单击应用按钮；捕捉长度为"1"的线端点为起点，在状态栏单击【水平】按钮，在适当位置单击，单击【应用】按钮；单击工具栏中【修剪/打断/延伸】按钮，在状态栏单击【修剪二物体】按钮，在两物体保留

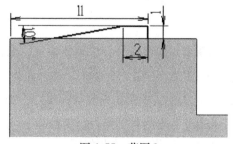

图4-55 草图2

处单击，完成直线草图的绘制，如图 4-55 所示。

步骤 4 创建挤出实体特征。修改视角为等角视图，层别为 10；单击【实体】工具栏中【挤出实体】按钮 ⬆，选择草图 2，按 **Enter** 键，按照如图 4-56 所示设置【挤出串连】对话框，单击确定按钮 ✓ ，如图 4-57 所示。

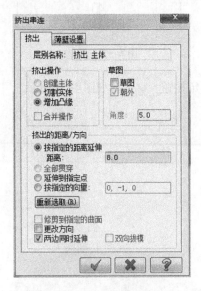

图 4-56　挤出串连对话框

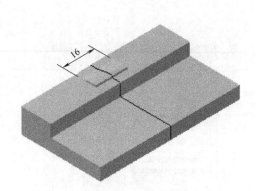

图 4-57　挤出实体特征

步骤 5 绘制草图 3。绘图面设置为右视绘图面，构图深度为 "20"，视角为后视图，层别为 3，2D 模式。绘制如图 4-58 所示的直线轮廓，创建方法略。

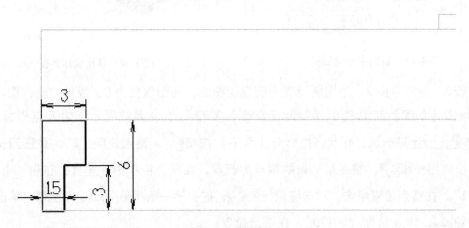

图 4-58　草图 3

步骤 6 创建挤出切割实体特征，修改视角为等角视图，层别为 10；单击【实体】工具栏中【挤出实体】按钮 ⬆，选择草图 3，按 **Enter** 键，按照如图 4-59 所示设置【挤出串连】对话框，单击确定按钮 ✓ ，如图 4-60 所示。

步骤 7 绘制草图 4。绘图面设置为后视绘图面，构图深度为 "20"，视角为后视图，层别为 4，2D 模式。绘制如图 4-61 所示的直线轮廓，创建方法略。

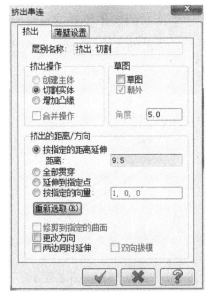

图 4-59 挤出串连对话框

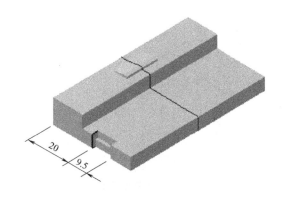

图 4-60 挤出实体特征

步骤 8 创建挤出实体特征。修改视角为等角视图，层别为 10；单击【实体】工具栏中【挤出实体】按钮 ，选择草图 4，按 **Enter** 键，设置【挤出串连】对话框，选择【增加凸缘】选项，设置延伸距离"3"，单击确定按钮 ，如图 4-62 所示。

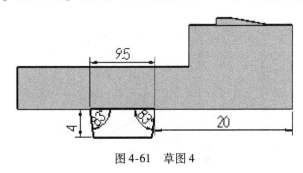

图 4-61 草图 4

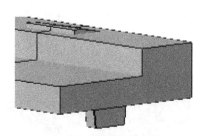

图 4-62 挤出实体特征

步骤 9 创建拔模特征。单击【实体】工具栏中【牵引实体】按钮 ，系统提示选择要牵引的实体面，选择如图 4-63 所示的侧面，按 **Enter** 键，按照图 4-64 设置【实体牵引

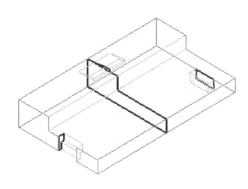

图 4-63 选择牵引面

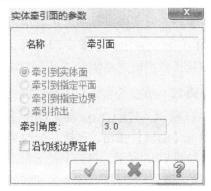

图 4-64 设置实体牵引面的参数

面的参数】对话框，单击确定按钮 ✓ ，选择如图 4-65 所示的实体面来指定牵引平面，系统弹出【拔模方向】对话框，设置方向如图 4-66 所示，单击确定按钮 ✓ ，结果如图 4-67 所示。

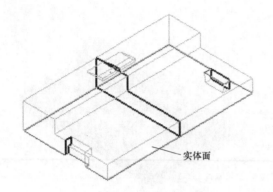

图 4-65　选择实体面

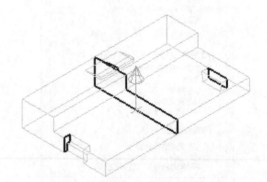

图 4-66　设置牵引实体面参数方向

步骤 10　创建拔模特征。单击【实体】工具栏中【牵引实体】按钮 ◼ ，系统提示选择要牵引的实体面，选择如图 4-68 所示的牵引面，按 **Enter** 键，设置【实体牵引面的参数】对话框，牵引角度设置为"3"，单击确定按钮 ✓ ，选择如图 4-69 所示的实体面来指定牵引平面，系统弹出【拔模方向】对话框，设置方向与上一步相同，单击确定按钮 ✓ 。

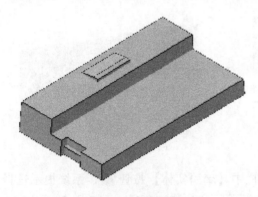

图 4-67　实体拔模

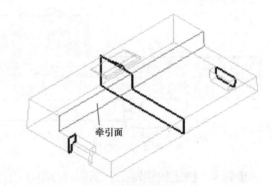

图 4-68　选择牵引面

步骤 11　对实体进行倒圆角。单击【实体】工具栏中【实体倒圆角】按钮 ◼ ，选择要倒圆角的两条棱边，如图 4-70 所示，按 **Enter** 键，设置【倒圆角参数】对话框，如图 4-71 所示，单击确定按钮 ✓ ，如图 4-72 所示。

步骤 12　单击【实体】工具栏中【实体倒圆角】按钮 ◼ ，选择要倒圆角的四条棱边，如图 4-73 所示，按 **Enter** 键，设置【倒圆角参数】对话框，如图 4-74 所示，选择【边界1】，单击【编辑】按钮，选择【修改半径】，如图 4-75 所示，系统提示选择要更改的半径标记，如图 4-76 所示，单击半径标记点的同时系统弹出【输入半径】提示栏，输入半径3，按 **Enter** 键；对边界2、边界3 和边界4 同样设置，均倒变化半径3～2mm，单击确定按钮 ✓ ，如图 4-77 所示。

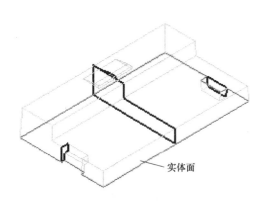

图 4-69 选择实体面

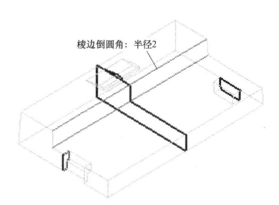

图 4-70 选择棱边

图 4-71 设置实体倒圆角参数

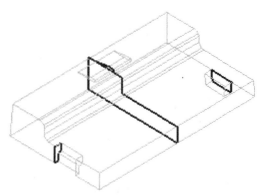

图 4-72 实体倒角

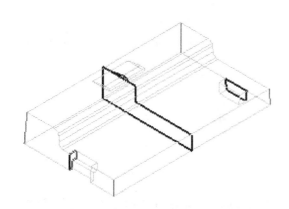

图 4-73 选择棱边

图 4-74 设置实体倒圆角参数

步骤 13 单击【实体】工具栏中【实体倒圆角】按钮 ⬤，选择要倒圆角的棱边，如图 4-78 所示，按 Enter 键，设置【倒圆角参数】对话框，如图 4-79 所示，单击确定按钮 ☑，如图 4-80 所示，单击【含轮廓线着色实体】按钮 ⬤，结果如图 4-81 所示。

图 4-75　设置实体倒圆角参数

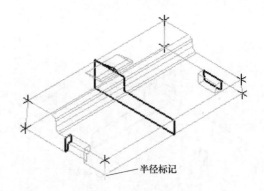

图 4-76　选择半径标记

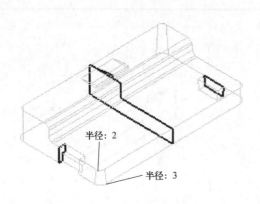

图 4-77　实体倒角

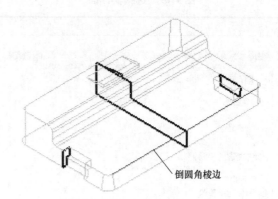

图 4-78　选择棱边

图 4-79　设置实体倒圆角参数

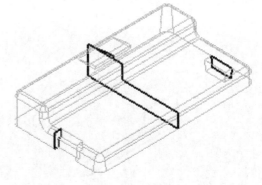

图 4-80　实体倒角

步骤 14　创建抽壳特征。动态旋转实体，使其底面向上，单击【实体】工具栏中【实体抽壳】按钮，选择抽壳面，如图 4-82 所示，选择后按 **Enter** 键，系统弹出【实体抽壳】对话框，如图 4-83 所示，设置实体抽壳参数后，单击确定按钮，如图 4-84 所示。

步骤 15　绘制草图 5。绘图面设置为前视绘图面，构图深度为"20"，视角为前视图，层别为 5，2D 模式。绘制如图 4-85 所示的直线轮廓，创建方法略。

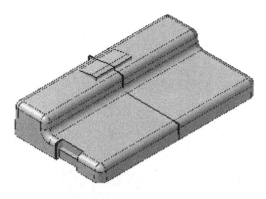

图 4-81　含轮廓线着色实体

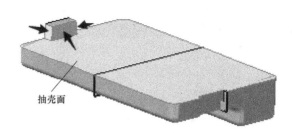

图 4-82　选择抽壳面

图 4-83　设置实体薄壳参数

图 4-84　实体抽壳

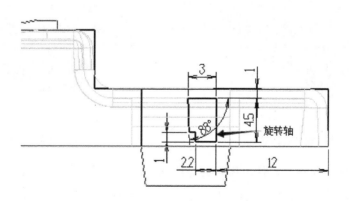

图 4-85　草图 5

步骤 16　创建旋转实体特征。修改视角为等角视图，层别为 10；单击【实体】工具栏中【旋转实体】按钮 ，选择草图 5，单击确定按钮 ，选择如图 4-85 所示直线作为旋转轴，系统弹出【方向】对话框，单击确定按钮 ，设置【旋转实体的设置】对话框，如图 4-86 所示，单击确定按钮 ，如图 4-87 所示。

图 4-86 设置旋转实体参数　　　　　　　图 4-87 旋转实体

步骤 17 镜像旋转实体特征。绘图面设置为俯视绘图面，单击【转换】工具栏的【镜像】按钮，选择上一步生成的旋转实体，按 **Enter** 键，设置【镜像】对话框，选择镜像方式为【复制】，选择 X 轴作为镜像线，单击应用按扭，如图 4-88 所示。

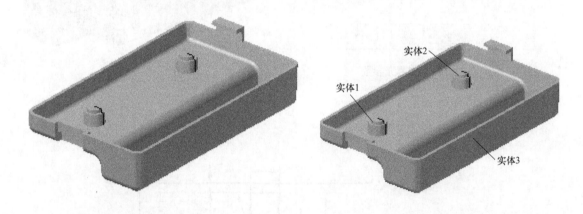

图 4-88 旋转实体镜像　　　　　　　图 4-89 选择实体

步骤 18 实体布尔运算。修改视角为等角视图，单击【实体】工具栏中【布尔运算-结合】按钮，选择绘图区的三个独立的实体，如图 4-89 所示，按 **Enter** 键，三个独立的实体合成为一个实体。

步骤 19 绘制草图 6。绘图面设置为俯视绘图面，构图深度为"0"，视角为等角视图，层别为 6，2D 模式。在两个小凸台上旋转绘制如图 4-90 所示的直径为 3mm 的圆，该圆的圆心可以捕捉旋转实体的中心。创建方法略。

步骤 20 创建挤出切割实体特征。修改层别为 10；单击【实体】工具栏中【挤出实体】按钮，选择草图 6，按 **Enter** 键，设置【挤出串连】对话框，选择【切割实体】

和【全部贯穿】，单击确定按钮 ，着色如图 4-91 所示。

步骤 21 绘制草图 7。绘图面设置为左视绘图面，构图深度为"0"，视角为左视图，层别为 7，2D 模式。绘制如图 4-92 所示的矩形，创建方法略。

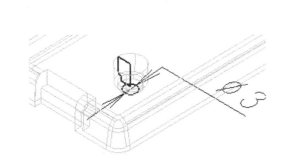

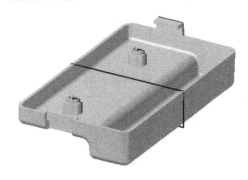

图 4-90 草图 6   图 4-91 挤出切割实体

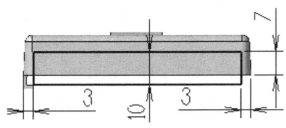

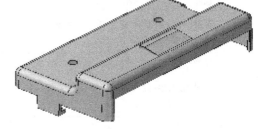

图 4-92 草图 7   图 4-93 挤出切割实体

步骤 22 创建挤出切割实体特征。修改视角为等角视图，层别为 10；单击【实体】工具栏中【挤出实体】按钮 ⬆，选择草图 7，按 **Enter** 键，设置【挤出串连】对话框，选择【切割实体】，挤出的距离为 2mm，单击确定按钮 ✓，如图 4-93，关闭所有线架层，着色如图 4-94 所示。

图 4-94 电子卡盒完成图

【任务评价】（表4-2）

表4-2 项目实施评价表

序号	检测内容与要求	分值	自评（25%）	小组评价（25%）	教师评价（50%）
1	学习态度	5			
2	设置图层，绘制前视图所有图线，并挤出，如图4-52、图4-54所示	5			
3	设置图层，构图深度，在后视图绘制图4-58所示图形，并挤出，如图4-59所示	5			
4	设置图层，在前视图绘制图4-61所示图形，并挤出，如图4-62所示	5			
5	选择实体面，创建拔模，如图4-67、图6-69所示	10			
6	实体面倒角、倒圆角	5			
7	抽壳，如图4-84所示	5			
7	设置图层，绘制所有图线，并旋转得实体凸缘，如图4-85、图4-87、图4-88所示	5			
7	镜像凸缘，并进行布尔求和，如图4-89所示	5			
8	设置图层，绘制所有图线，并挤出、切割实体，如图4-92、图4-94所示	10			
9	按指定文件名，上交至规定位置	5			
10	任务实施方案的可行性，完成的速度	10			
11	小组合作与分工	5			
12	学习成果展示与问题回答	10			
13	安全、规范、文明操作	10			
总分		100	合计：		
问题记录和解决方法	实施中出现的问题和采取的解决方法				

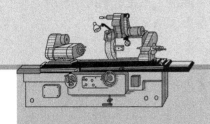

项目5

常见二维加工

【学习目标】

通过本项目工作任务的学习，了解并掌握零件的加工设置方法与常用的二维铣削方法。

（1）熟悉 Mastercam 零件的加工设置方法，包括刀具库与刀具参数的设置、工件参数的设置、加工起点与加工方向的设置等。

（2）了解并掌握 Mastercam 常用的二维铣削方法，包括外形铣削、外形铣削加工参数设置、平面铣削、挖槽加工的步骤与参数设置、钻孔操作与钻孔参数设置等。

（3）加强安全意识，帮助养成良好的操作习惯。

任务1　外形铣削加工

【任务描述】

通过完成铣削加工图 5-1 所示图形，了解并掌握二维外形铣削加工方法，以及对简单的二维图形进行加工程序编制。

【任务分析】

外形铣削加工是对外形轮廓进行加工，其加工路径既可以铣削凸缘形工件，也可以铣削凹槽形工件。通过刀具补偿方向来控制刀具是加工凸缘形工件还是铣削凹槽形工件。根据用户选择的是二维线架还是三维线架，

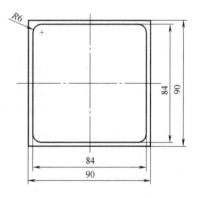

图 5-1　外形铣削加工图形

外形铣削还可以生成二维铣削刀具路径或者三维铣削刀具路径。两者的主要区别是二维铣削刀具路径的切削深度不变，由用户设定，而三维铣削刀具路径的切削深度是随着外形位置的变化而改变的。实际生产中二维外形铣削比较常用。

【知识链接】

1. 外形铣削加工的特点

外形铣削加工通常采用高速工具钢或硬质合金材料的立铣刀，下刀点选在工件实体以

外，并使刀具切入点的位置和方向尽可能沿工件轮廓切向延长线方向。刀具切入和切出时要注意避让工件上不该切削的部位及夹具。刀具切出时仍要尽可能沿工件轮廓切向延长线方向切出工件，以利于刀具受力平稳，同时尽量保证工件轮廓过渡处无明显接痕。

2. 外形铣削加工参数

在软件主菜单中单击【刀具路径】，选择【外形铣削】的刀具路径类型，选取串连后系统弹出图 5-2 所示的【2D 刀具路径-外形】对话框，用于设置外形加工的参数。下面介绍各参数的含义。

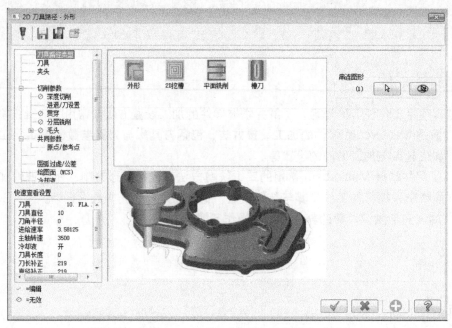

图 5-2　2D 刀具路径-外形对话框

（1）刀具路径类型　用于选取二维加工刀具路径类型，如外形、2D 挖槽等。

（2）刀具　用于设置刀具及刀具参数，如刀具类型、直径、主轴转速等。

（3）夹头　用于设置夹头参数，如刀柄高度、刀柄直径等。

（4）共同参数　用于设置加工时的公共参数，如安全高度、参考高度、进给平面等，各种二维加工均需要进行共同参数的设置。【共同参数】对话框如图 5-3 所示，这里对各参数进行解释，后面二维加工刀具路径不再做解释。

1）安全高度：用于设置开始加工和加工结束后，刀具所处的高度位置。在此高度上，刀具可以在任何位置平移。安全高度值一般设定为 10～50mm，具体根据工件装夹情况设定，如采用平口钳装夹，工件上表面位于最高点，此值可以小一些；若采用压板装夹，此值要选大一些，保证刀具与压板不发生干涉。

高度的定义有绝对坐标和增量坐标之分，绝对坐标是相对于坐标系零点的高度；增量坐标是相对工件毛坯顶面的高度。在安全高度下方有一个【只有在开始及结束的操作才使用安全高度】复选框，不选中该复选框表示每次刀具抬起时都要移动到安全高度；选中该复选框表示仅在刀具路径的开始和结束时才移动到安全高度。

2）提刀速率：生产中常称为参考高度或回退高度，用于设置刀具结束某一路径的加

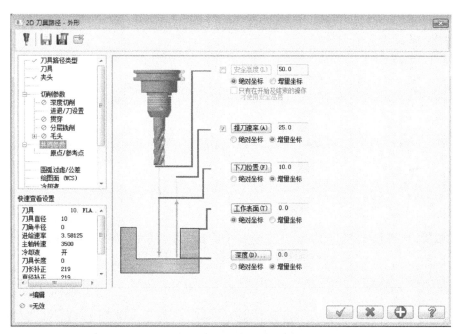

图5-3 共同参数对话框

工，或进行下一路径的加工前回退的高度。一般设定为10～25mm。

3）下刀位置：用于设置刀具从快速下刀G00变为工进下刀G01时的平面高度。此高度保证刀具快速进给不碰到工件表面，一般设置为5～10mm。

4）工作表面：指工件上表面的Z坐标。为了对刀方便，一般设置为"0"。

5）深度：用于设置工件加工实际切削的深度。此值为刀具路径在最低时的深度值，一般取负值。

（5）切削参数　用于设置外形加工时的切削参数，如深度方向分层加工、外形分层加工及刀具进退刀参数。

在图5-2的【2D刀具路径-外形】对话框中单击【切削参数】选项，系统弹出【切削参数】对话框，如图5-4所示，该对话框用于设置补正方式、补正方向等参数。各参数含义如下。

① 补正方式：用于设置刀具补偿的类型。补偿类型主要有电脑、控制器、磨损等几种。

电脑补正：刀具中心向指定的方向移动一个补偿量（一般为刀具半径），生成的NC程序中刀具移动的轨迹坐标是加入了补偿量的坐标值。实际加工时不需要在刀具补偿寄存器里填写刀具半径值。

控制器补正：刀具中心向指定的方向移动一个存储在刀具补偿寄存器里的补偿量，生成的NC程序将给出补偿代码G41或G42，刀具轨迹坐标是外形轮廓值。实际加工时，需要在刀具补偿寄存器里填写补偿值。

磨损补正：同时具有【电脑】补正和【控制器】补正，并且补正方向相同，生成的NC程序将给出加入了磨损量的轨迹坐标值，同时输出补偿控制代码G41或G42。

两者反向：同时具有【电脑】补正和【控制器】补正，但补正方向相反。当采用电脑左补正时，系统在NC程序中输出反向补偿控制代码G42；当采用电脑右补正时，系统在NC程序中输出反向补偿控制代码G41。

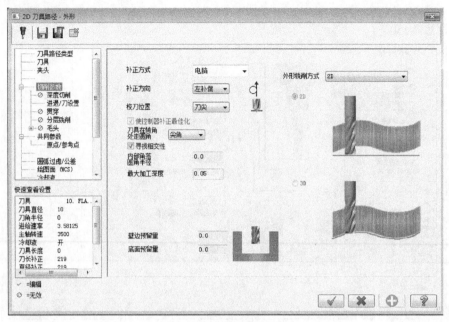

图 5-4　切削参数对话框

关：设置为【关】补正时，系统关闭补偿设置，生成的 NC 程序中无补偿控制代码。

② 补正方向：用于设置刀具中心偏离选取轮廓的方向。设置为【左补正】时，刀具顺着串连选取的方向看，刀具位于轮廓的左侧；设置为【右补正】时，刀具位于轮廓的右侧；设置为【不补正】时，刀具中心位于轮廓上面。

③ 校刀位置：用于设置刀具的刀位点位置。选择【刀尖】选项时，生成的刀具路径为刀尖运行的轨迹；选择【球心】选项时，生成的刀具路径为刀具中心运行的轨迹。

④ 刀具在转角处走圆角：用于设置刀具路径在轮廓转角处的过渡方式。设置为【尖角】时，轮廓拐角为锐角时采用圆角过渡，锐角的定义为≤135°；设置为【全部】时，在轮廓所有转角处都采用圆弧过渡；设置为【无】时，在轮廓所有转角处均不采用圆弧过渡。

⑤ 壁边预留量：设置加工时轮廓侧壁的预留量。

⑥ 底面预留量：设置加工时底部即 Z 方向的预留量。

1）深度切削：在图 5-4 所示的【2D 刀具路径-外形】对话框中单击【深度切削】选项，系统弹出【深度切削】对话框，如图 5-5 所示。该对话框用于设置深度方向分层切削的参数。部分参数含义如下。

① 最大粗切步进量：用于设置粗切时每层最大的切削深度。

② 精修次数：用于设置深度方向精修的次数。

③ 精修量：用于设置深度方向上精修量，一般比最大粗切步进量小。

④ 不提刀：该复选框设置刀具在每一层切削深度后，是否返回到下刀位置的高度上。选中该复选框时，刀具会从目前的深度直接移到下一个切削深度而不抬刀；若没有选中该复选框，刀具铣完一层深度后，先返回到原来设置的下刀位置高度，然后移动到下一个切削深度。通常为了提高粗加工的效率，要选中该复选框。

⑤ 副程序：该复选框用于设置是否调用子程序命令。对于复杂的编程使用副程序可以

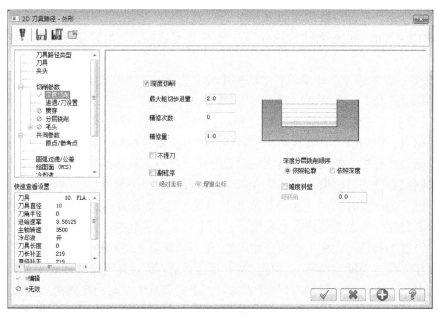

图 5-5 深度切削对话框

减少程序段的数量。

⑥ 深度分层铣削顺序：用于设置铣削多个外形时的切削顺序。当选中【依照轮廓】复选框时，先在一个外形边界铣削到设定的深度后，再进行下一个外形的铣削。当选中【依照深度】复选框时，先在一个深度上铣削所有的外形后，再进行下一层深度的铣削。

⑦ 锥度斜壁：用于设置深度分层铣削时，深度切削形成锥度。

2）进退/刀设置：在图 5-4 的【2D 刀具路径-外形】对话框中单击【进退/刀设置】选项，系统弹出【进退/刀设置】对话框，如图 5-6 所示。该对话框用于设置刀具路径起始和

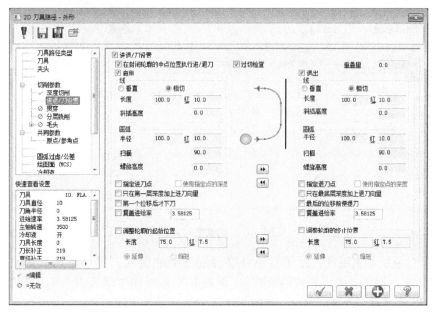

图 5-6 进退/刀设置对话框

结束的进退刀方式。部分参数含义如下。

① 在封闭轮廓的中点位置执行进/退刀：选中该复选框，可以设置刀具在封闭轮廓的中点进/退刀。

② 重叠量：设置进刀点和退刀点之间的距离，在此文本框里输入重叠量。

③ 启用线/退出线：这里可以理解为进刀/退刀。进刀/退刀有【线】方式和【圆弧】方式两种。【线】方式分为【垂直】和【相切】两种模式，垂直模式下刀具路径与其相近的刀具路径垂直；相切模式下刀具路径与其相近的刀具路径相切。【长度】文本框里可以输入直线刀具路径的长度，前面为刀具直径的百分比，后面为具体的数值，两者相互关联。圆弧方式刀具路径在进退刀时采用圆弧切入切出，该模式有3种设置：

半径：设置为半径时，在【半径】文本框里输入进/退刀刀具路径的圆弧半径。前面为刀具直径的百分比，后面为具体的半径值，这两个值也是关联的。

扫描：设置为扫描时，在文本框里输入进/退刀刀具路径的扫描角度。

螺旋高度：设置为螺旋高度时，在文本框里输入进/退刀刀具路径的螺旋高度值。设置为螺旋方式时，可以使进/退刀时刀具受力均匀，避免刀具由空运行突然进入负载的状态。

3）分层铣削：在图5-4的【2D刀具路径-外形】对话框中单击【分层铣削】选项，系统弹出【分层铣削】对话框，如图5-7所示。该对话框用于设置外形分层铣削的粗切和精修参数。部分参数含义如下。

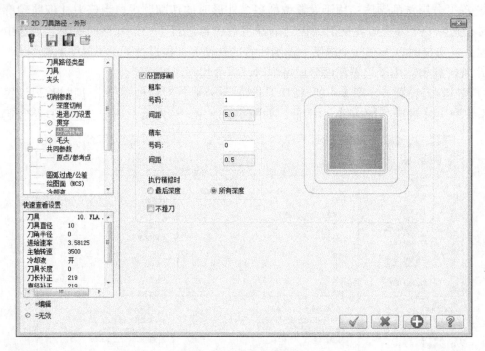

图5-7　分层铣削对话框

① 粗车：粗加工或粗铣，用于粗铣外形分层铣削的设置，有【号码】和【间距】两项。【号码】文本框用于输入粗铣的次数；【间距】文本框用于输入刀具的切削间距，间距一般设定为平底刀刀具直径的60%~75%。

② 精车：精加工或精铣，用于定义外形精铣的精修量，分为【号码】和【间距】两

项。【号码】文本框用于输入精铣的次数；【间距】文本框用于输入精修量。精修次数一般为 1 ~ 2 次即可，精修量一般选取 0.1 ~ 0.5mm。

③ 执行精修时：用于设置是在最后深度进行精修，还是在每层深度进行精修。

最后深度：设置在最后深度进行精修。

所有深度：设置在每层深度进行精修。

④ 不提刀：该复选框用于设置刀具在每一层外形铣削后，是否返回到下刀位置的高度。选中该复选框，刀具铣完一层外形会直接移到下一层铣削外形；不选中该复选框，刀具铣完一层外形后，先抬刀到下刀位置高度，然后移动到下一层外形进行铣削。

【任务实施】

步骤1　单击【机床类型】下拉菜单，选择【铣床】|【默认】，如图 5-8 所示，确定机器类型。

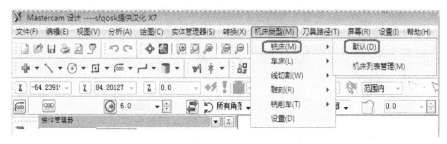

图 5-8　选择机床类型

步骤2　单击【刀具路径】下拉菜单，选择【外形铣削】命令，如图 5-9 所示。

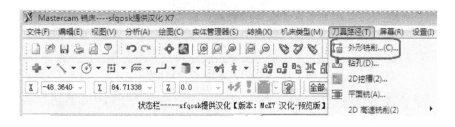

图 5-9　选择刀具路径

步骤3　系统弹出【输入新的 NC 名称】对话框，在文本框输入新的 NC 名称，如图 5-10 所示。

步骤4　选择【串连】：箭头方向为刀具前进的方向，箭头起点为刀具铣削起始点，如图 5-11 所示。

步骤5　系统弹出【2D 刀具路径-外形】对话框，该对话框用于选取 2D 加工类型，选取【刀具路径类型】为【外形】，单击确定按钮 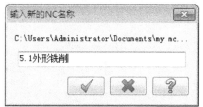，如图 5-12 所示。

图 5-10　输入新的 NC 名称对话框

步骤6　在【2D 刀具路径-外形】对话框中单击【刀具】选项，系统弹出【刀具】对话框，该对话框用来设置刀具及相关参数，如图 5-13 所示。

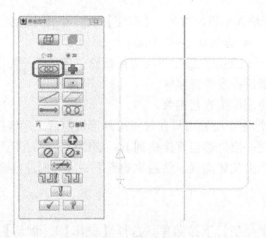

图 5-11　选取串连

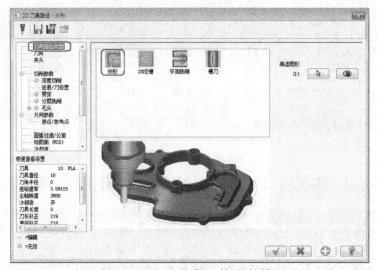

图 5-12　2D 刀具路径-外形对话框

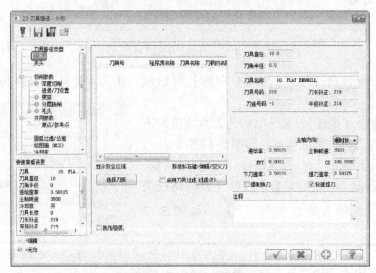

图 5-13　刀具对话框

步骤7　在刀具选项卡的空白处（刀具号码下面）单击鼠标右键，在弹出的快捷菜单中选择【新建刀具】选项，弹出【定义刀具】对话框，如图 5-14 所示。

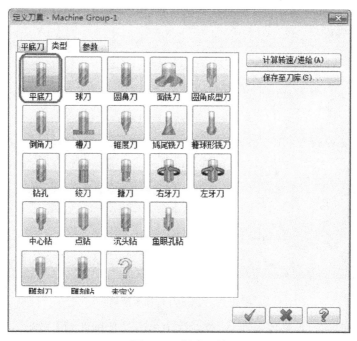

图 5-14　新建刀具

步骤8　选取【刀具类型】为【平底刀】，系统弹出【平底刀】选项卡，设置刀具直径为"16"，如图 5-15 所示，单击确定按钮 ，完成设置。

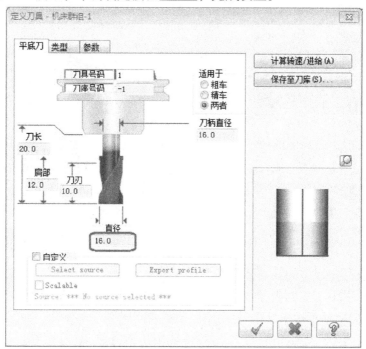

图 5-15　定义刀具

步骤9 在【刀具】对话框中设置相关参数，如进给速率、主轴转速等，如图5-16所示。

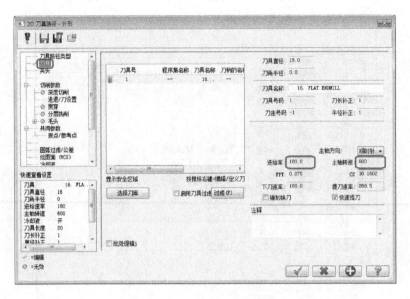

图5-16 设置刀具相关参数

步骤10 在【2D刀具路径-外形】对话框中单击【切削参数】选项，系统弹出"切削参数"对话框，该对话框用来设置补正方式、补正方向等切削参数，如图5-17所示。

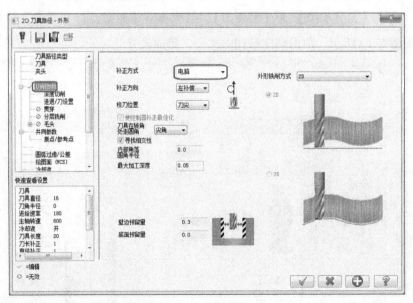

图5-17 设置切削参数对话框

步骤11 在【2D刀具路径-外形】对话框中单击【深度切削】选项，系统弹出【深度切削】对话框，该对话框用来设置深度分层、最人粗切步进量等参数，如图5-18所示。

步骤12 在【2D刀具路径-外形】对话框中单击【进退/刀设置】选项，系统弹出【进退/刀设置】对话框，该对话框主要用来设置进刀和退刀参数，这里选用圆弧切入和圆

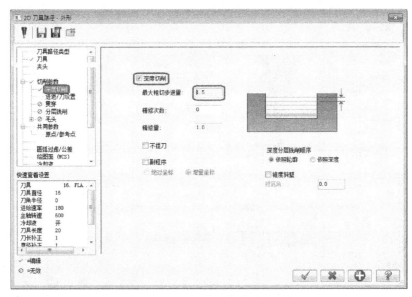

图5-18　设置深度切削参数对话框

弧退进退刀方式，如图5-19所示。

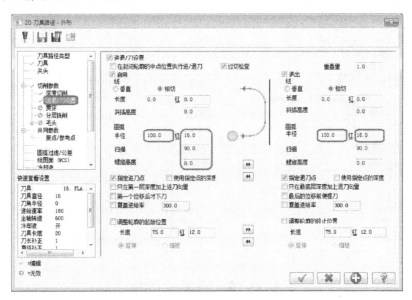

图5-19　设置进退刀参数对话框

步骤13　在【2D刀具路径-外形】对话框中单击【共同参数】选项，系统弹出【共同参数】对话框，该对话框用来设置2D刀具路径共同参数，如安全高度、参考高度、加工深度等，如图5-20所示。

步骤14　系统根据设置的参数，生成刀具路径，如图5-21所示。

步骤15　设置毛坯尺寸。

在【刀具路径管理器】中单击【属性】|【素材设置】选项，弹出【机床群组属性】对话框，单击【素材设置】选项卡，打开选项卡，如图5-22所示，设置加工毛坯尺寸，单击

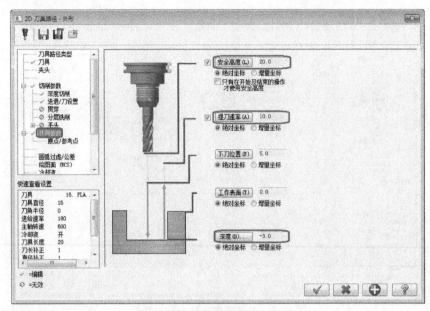

图 5-20　设置共同参数对话框

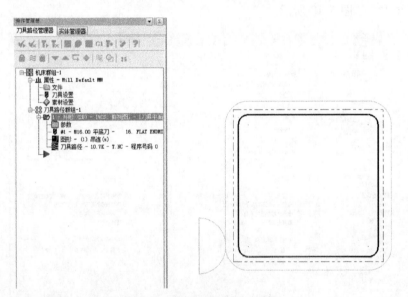

图 5-21　设置刀具路径对话框

确定按钮 ，完成毛坯的设置。

步骤 16　验证刀具路径。

在【刀具路径管理器】中，单击【验证已选择的操作】按钮，如图 5-23 所示，系统弹出【验证】对话框，在【验证】对话框中勾选【碰撞停止】选项，单击【运行】按钮，系统模拟所选择的刀具路径，结果如图 5-24 所示。

步骤 17　后处理生成程序清单：在【刀具路径管理器】中，单击【程序后处理】按钮【G1】，系统弹出【后处理程序】对话框，完成相应设置，如图 5-25 所示，单击【确定】按钮，系统弹出【程序保存】对话框，用户选择程序保存路径，单击确定按钮 ，如

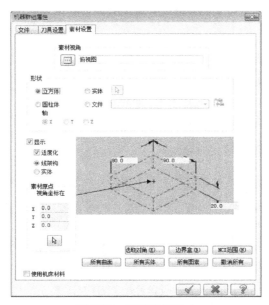

图 5-22　设置毛坯尺寸

图 5-23　验证已选择的操作

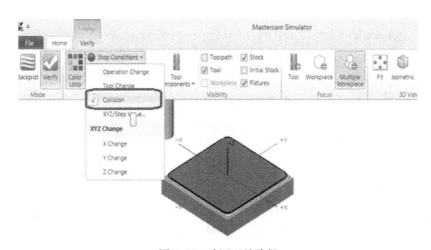

图 5-24　验证刀具路径

图 5-26 所示，系统自动弹出程序清单，如图 5-27 所示。

　　步骤 18　生成程序的有些内容可能会和用户的数控机床设置不相同，需要对程序进行修改，例如，本项目程序中的 N130、N440 段程序中间有第四轴指令"A0"，而实习用的数控机床没有第四轴，所以要把程序中所有的"A0"指令删除，否则机床会出现报警。还可以把程序头部括号里的内容删除，因为这部分的内容实际上是不执行的。另外，如果使用的

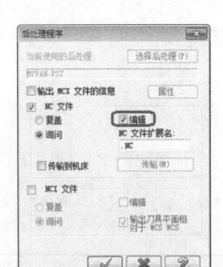

图 5-25　设置后处理程序对话框

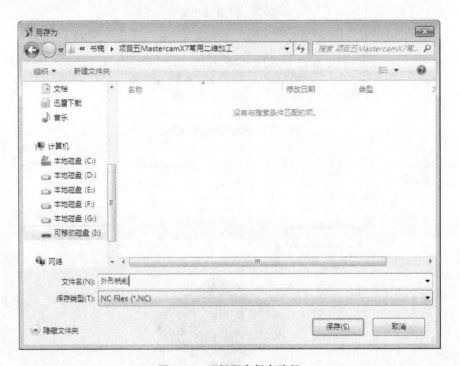

图 5-26　选择程序保存路径

数控机床并非加工中心，没有自动换刀功能，就要把换刀指令，如本项目程序中的 N120 段 "T1 M6" 包括程序中所有的换刀指令删除，修改完毕重新保存程序。修改后的程序如图 5-28 所示。

本任务以一个简单的外形轮廓加工实例讲解了外形铣削刀具路径的生成过程。相关的刀具路径还有外形倒角加工、斜降下刀加工、残料加工、轨迹线加工等。刀具路径的生成过程与上述外形铣削刀具路径相似。部分内容将在后面综合加工项目中有所讲解。

外形铣削.NC ×

```
1   %
2   O0000(外形铣削)
3   (DATE=DD-MM-YY - 13-18-14 TIME=HH:MM - 14:30)
4   (MCX FILE - T)
5   (NC FILE - I:\书稿\项目五MASTERCAMX7常用二维加工\外形铣削.NC)
6   (MATERIAL - ALUMINUM MM - 2024)
7   ( T1 |   16. FLAT ENDMILL | H1 | D1 | WEAR COMP | TOOL DIA. - 16. )
8   N100 G21
9   N110 G0 G17 G40 G49 G80 G90
10  N120 T1 M6
11  N130 G0 G90 G54 X-66. Y-52. A0. S800 M3
12  N140 G43 H1 Z20.
13  N150 Z5.
14  N160 G1 Z-1.5 F150.
15  N170 G3 G41 D1 X-50. Y-36. I0. J16.
16  N180 G1 Y36.
17  N190 G2 X-36. Y50. I14. J0.
18  N200 G1 X36.
19  N210 G2 X50. Y36. I0. J-14.
20  N220 G1 Y-36.
21  N230 G2 X36. Y-50. I-14. J0.
22  N240 G1 X-36.
23  N250 G2 X-50. Y-36. I0. J14.
24  N260 G1 Y-35.
25  N270 G3 G40 X-66. Y-19. I-16. J0.
26  N280 G1 Y-52.
27  N290 Z-3.
28  N300 G3 G41 D1 X-50. Y-36. I0. J16.
29  N310 G1 Y36.
30  N320 G2 X-36. Y50. I14. J0.
31  N330 G1 X36.
32  N340 G2 X50. Y36. I0. J-14.
33  N350 G1 Y-36.
34  N360 G2 X36. Y-50. I-14. J0.
35  N370 G1 X-36.
36  N380 G2 X-50. Y-36. I0. J14.
37  N390 G1 Y-35.
38  N400 G3 G40 X-66. Y-19. I-16. J0.
39  N410 G0 Z20.
40  N420 M5
41  N430 G91 G28 Z0.
42  N440 G28 X0. Y0. A0.
43  N450 M30
44  %
```

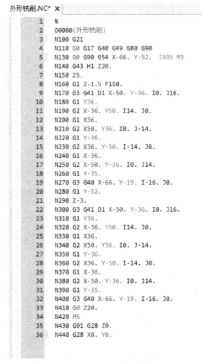

图 5-27 程序清单　　　　　　　　　　　图 5-28 修改后程序清单

【任务评价】 （表 5-1）

表 5-1 项目实施评价表

序号	检测内容与要求	分值	自评（25%）	小组评价（25%）	教师评价（50%）
1	学习态度	5			
2	绘制二维轮廓,如图 5-1 所示	10			
3	合理选择铣床	5			
4	合理设置毛坯	5			
5	选取需要铣削的轮廓	10			
6	合理选定刀具及切削参数	15			
7	合理选定共同参数	5			
8	验证刀具路径的正确性及生成 NC 程序	5			
9	按指定文件名,上交至规定位置	5			
10	任务实施方案的可行性,完成的速度	10			
11	小组合作与分工	5			
12	学习成果展示与问题回答	10			
13	安全、规范、文明操作	10			
	总分	100	合计：		
问题记录和解决方法	实施中出现的问题和采取的解决方法				

任务2　平面铣削加工

【任务描述】

通过完成平面铣削加工图 5-29 所示的零件，了解并掌握平面铣削加工，以及对零件毛坯上表面进行平面铣削加工程序编制。

【任务分析】

平面铣削加工可以方便、快速地去除毛坯表面的材料，可以铣削整个零件的表面，也可以铣削指定的区域。毛坯装夹完毕后为了保证平面的平整度和表面质量，一般要先进行平面铣削加工。

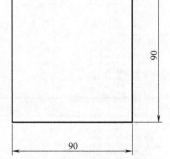

【知识链接】

图 5-29　平面铣削加工图形

1. 平面铣削加工的特点

平面铣削加工通常采用面铣刀或立铣刀，专门用于铣削零件的某个面或整个毛坯的表面。刀具做直线运动，可以消除零件表面不平，提高零件表面的几何精度，降低表面粗糙度值。

2. 平面铣削加工参数

在软件主菜单中单击【刀具路径】选择【平面铣】的刀具路径类型，选取串连后，系统弹出【2D 刀具路径-平面铣削】对话框，如图 5-30 所示。

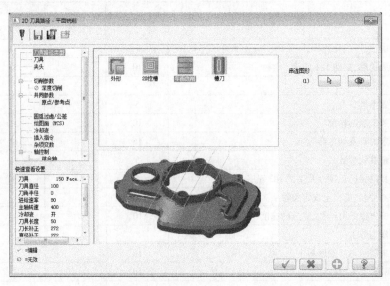

图 5-30　2D 刀具路径-平面铣削对话框

在图 5-30 平面铣削刀具路径中单击【切削参数】选项，系统弹出【切削参数】对话框，用于设置平面铣削的常用参数。如图 5-31 所示，部分参数含义如下。

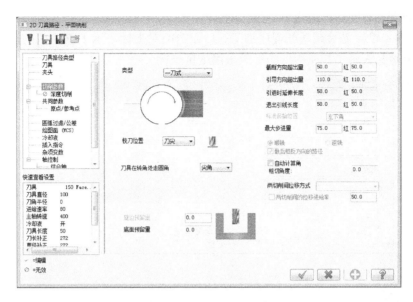

图 5-31 切削参数对话框

（1）类型 用于设置平面铣削的走刀方式，有四种走刀方式，如图 5-32 所示。

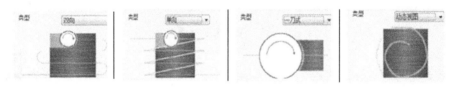

图 5-32 平面铣削的走刀方式

双向：设置为刀具双向来回切削方式。

单向：设置为刀具单向切削方式。

一刀式：设置为刀具一刀完成平面铣削，一般用于刀具直径大于平面宽度的情况。

动态：设置为刀具跟随工件外形进行铣削方式。

（2）刀具超出量 用于设置刀具超出面铣轮廓的距离。

截断方向超出量：设置横向切削刀具路径超出所铣平面的距离。前面文本框数值为刀具直径的百分比，后面文本框数值为具体的距离值。

引导方向超出量：设置纵向切削刀具路径超出所铣平面的距离。

引进时延伸长度：设置面铣时导引入切削刀具路径超出所铣平面的距离。

退出引线长度：设置面铣时导引出切削刀具路径超出所铣平面的距离。

最大步进量：设置面铣时刀具在平面上相邻步距的距离。

在图 5-31 所示的平面铣削切削参数中单击【深度切削】选项，系统弹出【深度切削】对话框，如图 5-33 所示，主要用于设置刀具在 Z 方向的切削参数。

1）最大粗切步进量：设置刀具在 Z 方向每层切削的最大深度。

2）精修次数：设置精加工的次数。

3）精修量：设置精修的深度。

4）不提刀：选中该复选框，刀具在铣削完某层深度，不提刀直接进入下一层切削，否则刀具上抬到下刀高度后再进入下一层切削。

5）副程序：设置是否调用子程序加工。后面的绝对坐标表示子程序中的坐标值采用绝对坐标；增量坐标表示子程序中的坐标值采用增量坐标。

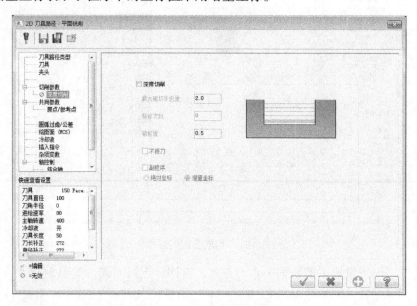

图 5-33　深度切削对话框

【任务实施】

步骤1　单击【机床类型】下拉菜单，选择【铣床】|【默认】，如图 5-34 所示，确定机床类型。

图 5-34　选择机床类型

步骤2　单击【刀具路径】下拉菜单，选择【平面铣】命令，如图 5-35 所示。

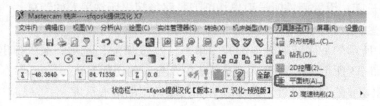

图 5-35　选择刀具路径

步骤3　输入新的 NC 名称：在【文字框】里输入 NC 名称，如图 5-36 所示。

步骤4　单击确定按钮 [✓]，系统弹出【串连选项】对话框，选取正方形外轮廓，如图 5-37 所示。

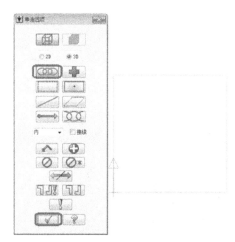

图 5-36　输入新的 NC 名称对话框

图 5-37　选取串连

步骤5　单击确定按钮 [✓]，系统弹出【2D 刀具路径-平面铣削】对话框，该对话框用来选取 2D 加工类型，选取【刀具路径类型】为【平面铣削】，如图 5-38 所示。

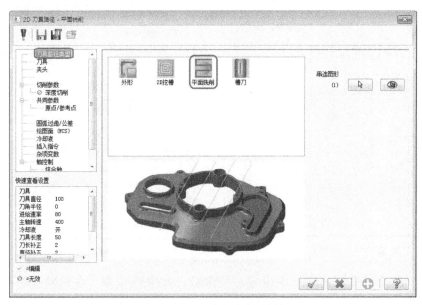

图 5-38　刀具路径类型对话框

步骤6　在【2D 刀具路径-平面铣削】对话框中单击【刀具】选项，系统弹出【刀具】对话框，该对话框用来设置刀具及相关参数，如图 5-39 所示。

步骤7　在刀具选项卡的空白处（刀具号码下面）单击鼠标右键，在弹出的快捷菜单中选择【新建刀具】选项，弹出【定义刀具】对话框，如图 5-40 所示。

步骤8　选取【刀具类型】为【面铣刀】，系统弹出【面铣刀】选项卡，设置刀具直径为"100"，如图 5-41 所示，单击确定按钮 [✓]，完成设置。

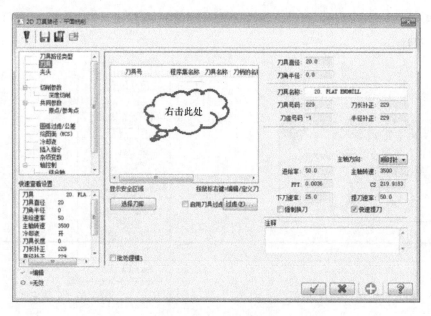

图 5-39 刀具对话框

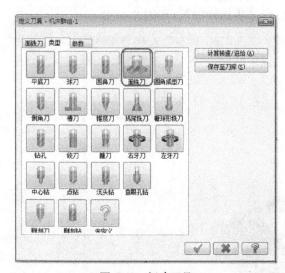

图 5-40 新建刀具

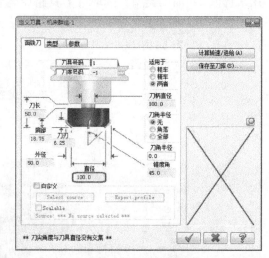

图 5-41 定义刀具

步骤 9 在【刀具】选项卡中设置相关参数，如进给速率、主轴转速等，如图 5-42 所示。

步骤 10 在【2D 刀具路径-平面铣削】对话框中单击【切削参数】选项，系统弹出【切削参数】对话框，该对话框用来设置补正方式、补正方向等切削参数，如图 5-43 所示。

步骤 11 在【2D 刀具路径-平面铣削】对话框中单击【共同参数】选项，系统弹出【共同参数】对话框，该对话框用来设置 2D 刀具路径的共同参数，如安全高度、参考高度、加工深度等，如图 5-44 所示。

步骤 12 单击确定按钮 ，系统根据设置的参数，生成刀具路径，如图 5-45 所示。

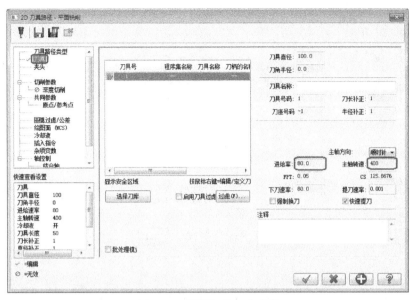

图 5-42　设置相关工艺参数

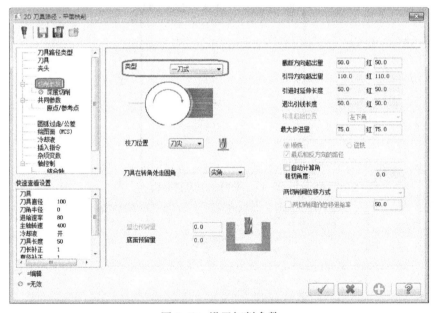

图 5-43　设置切削参数

步骤 13　设置毛坯尺寸。

在【刀具路径管理器】中单击【属性】|【材料设置】选项，弹出【机床群组属性】对话框，单击【素材设置】标签，打开【素材设置】选项卡，如图 5-46 所示，设置加工毛坯尺寸，单击确定按钮 ☑ ，完成毛坯的设置。

步骤 14　刀具路径验证。

在【刀具路径管理器】中，单击【验证已选择的操作】按钮，如图 5-47 所示，系统弹出【验证】对话框，在【验证】对话框中勾选【碰撞停止】选项，单击【运行】按钮，系统模拟所选择的刀具路径，结果如图 5-48 所示。

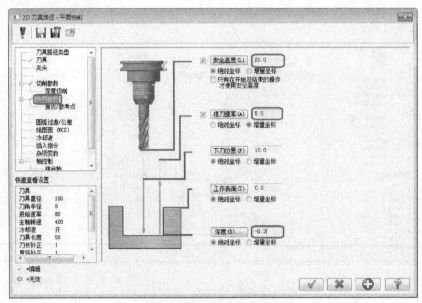

图 5-44　设置共同参数

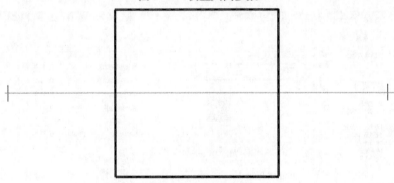

图 5-45　平面铣削刀具路径

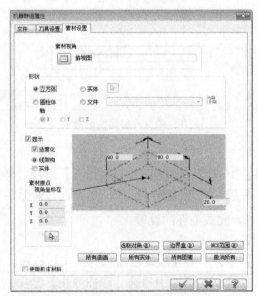

图 5-46　设置毛坯尺寸

图 5-47　验证已选择的操作

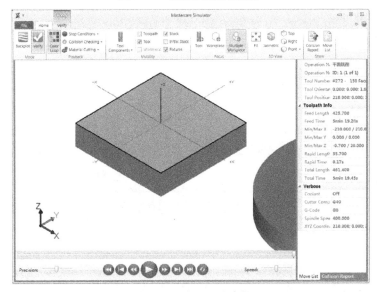

图 5-48　验证刀具路径

步骤 15　后处理生成程序清单：在【刀具路径管理器】中，单击【程序后处理】按钮【G1】，系统弹出弹出【后处理程序】对话框，完成相应设置，如图 5-49 所示，按【确定】按钮，系统弹出【程序保存】对话框，用户选择程序保存路径，单击确定按钮 ✓ ，如图 5-50 所示，系统自动生成程序清单，如图 5-51 所示。

步骤 16　生成程序的有些内容可能会和用户的数控机床设置不相同，需要对程序进行修改，例如本项目程序中的 N106、N122 段程序中间有第四轴指令 "A0"，而实习用的数控机床没有第四轴，所以要把程序中所有的 "A0" 指令删除，否则机床会出现报警。还可以把程序头部括号里的内容删除，因为这部分的内容实际上是不执行的。另外，如果使用的数控机床并非加工中心，没有自动换刀功能，就要把换刀指令，如本项目程序中的 N104 段 "T1

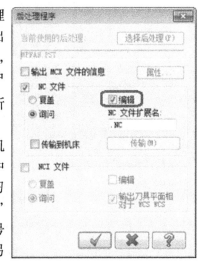

图 5-49　设置后处理程序

M6" 包括程序中所有的换刀指令删除，修改完毕再重新保存程序。修改后的程序清单如图 5-52 所示。

本任务以一个简单的平面加工实例讲解了平面铣削刀具路径的生成过程。除了采用直径较大的面铣刀一刀式铣削平面外，还可以用直径较小的平铣刀以双向或单向的方式铣削平面，其刀具路径的生成过程与上述平面铣削刀具路径相似。

图 5-50　选择程序保存路径

```
平面铣削.NC ×
 1   %
 2   O0000(平面铣削)
 3   (DATE=DD-MM-YY - 13-10-14 TIME=HH:MM - 16:21)
 4   (MCX FILE - I:\书稿\项目五MASTERCAMX7常用二维加工\平面铣重建.MCX-7)
 5   (NC FILE - C:\USERS\ADMINISTRATOR\DOCUMENTS\MY MCAMX7\MILL\NC\平面铣削.NC)
 6   (MATERIAL - ALUMINUM MM - 2024)
 7   ( T272 |  150 FACE MILL | H272 )
 8   N100 G21
 9   N102 G0 G17 G40 G49 G80 G90
10   N104 T272 M6
11   N106 G0 G90 G54 X-155. Y0. A0. S400 M3
12   N108 G43 H272 Z20.
13   N110 Z5.
14   N112 G1 Z-.7 F80.
15   N114 X155.
16   N116 G0 Z20.
17   N118 M5
18   N120 G91 G28 Z0.
19   N122 G28 X0. Y0. A0.
20   N124 M30
21   %
```

图 5-51　程序清单

```
平面铣削.NC* ×
 1   %
 2   O0000(平面铣削)
 3   N100 G21
 4   N102 G0 G17 G40 G49 G80 G90
 5   N106 G0 G90 G54 X-155. Y0.  S400 M3
 6   N108 G43 H272 Z20.
 7   N110 Z5.
 8   N112 G1 Z-.7 F80.
 9   N114 X155.
10   N116 G0 Z20.
11   N118 M5
12   N120 G91 G28 Z0.
13   N122 G28 X0. Y0. |
14   N124 M30
15   %
```

图 5-52　修改后的程序清单

【任务评价】（表5-2）

表5-2　项目实施评价表

序号	检测内容与要求	分值	自评 （25%）	小组评价 （25%）	教师评价 （50%）
1	学习态度	5			
2	绘制二维轮廓,如图5-29所示	10			
3	合理选择铣床	5			
4	合理设置毛坯	5			
5	选取需要铣削的轮廓	10			
6	合理选定刀具及切削参数	15			
7	合理选定共同参数	5			
8	验证刀具路径的正确性及生成NC程序	5			
9	按指定文件名,上交至规定位置	5			
10	任务实施方案的可行性,完成的速度	10			
11	小组合作与分工	5			
12	学习成果展示与问题回答	10			
13	安全、规范、文明操作	10			
	总分	100	合计:		
问题记录和 解决方法	实施中出现的问题和采取的解决方法				

任务3　钻孔加工

【任务描述】

通过完成图5-53所示图形中六个孔的加工,了解并掌握钻浅孔的操作步骤。孔的有效深度为6mm。

【任务分析】

钻孔刀具路径主要用于钻孔、铰孔、镗孔和攻螺纹等加工的刀具路径。与手工编程相比,具有孔位核对方便、高效的优点。

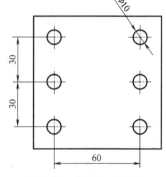

图5-53　钻孔加工图形

【知识链接】

1. 钻孔加工的特点

孔加工是最常见的零件结构加工之一,是制造工艺中的重要组成部分。孔加工工艺内容广泛,主要包括:钻中心孔、使用麻花钻钻孔、扩孔、铰孔、攻螺纹、镗孔等加工工艺方法。在数控铣床和加工中心上加工孔时，孔的形状和直径由选择刀具来控制，孔的位置和加工深度则由程序来控制。

钻孔加工刀具路径的特点是刀具在 XY 平面定位到孔中心，然后在 Z 方向做一定的动作，最终完成切削加工。

2. 钻孔加工参数

在软件主菜单中单击【刀具路径】选择【钻孔】的刀具路径类型，选取串连后，系统弹出【2D 刀具路径-钻孔】对话框，如图 5-54 所示。

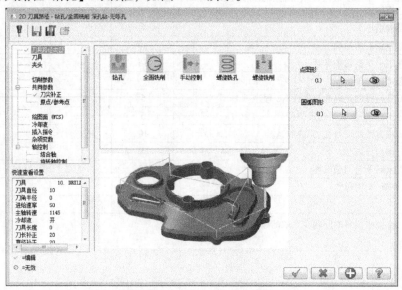

图 5-54　2D 刀具路径-钻孔对话框

在图 5-54【2D 刀具路径-钻孔】对话框中单击【切削参数】选项，系统弹出【切削参数】对话框，用于设置钻孔加工时刀具的首次啄钻、副次切量、安全余隙等参数，如图 5-55 所示，

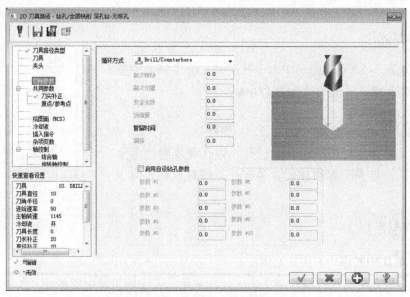

图 5-55　切削参数对话框

部分参数含义如下。

（1）循环方式 用于选择孔加工循环的方式，主要有深孔啄钻（G81/G82）、深孔钻削（G83）、攻牙（G84）等方式。

（2）首次啄钻 设置钻孔加工第一次进给的深度。

（3）副次切量 设置后续钻孔步进的深度。

（4）安全余隙 设置本次刀具快速进刀与上次钻削深度的间隙。

（5）回缩量 设置钻孔步进的退刀量。

（6）暂留时间 设置刀具在钻孔底部的停留时间。

（7）偏移 设置镗孔加工时镗刀在退刀前偏移孔壁的一段距离，防止镗刀刀尖碰伤内孔表面。在实际镗孔时，可以使用主轴准停功能调整镗刀刀尖的位置。

在图5-54【2D刀具路径-钻孔】对话框中单击【共同参数】选项，系统弹出【共同参数】对话框，如图5-56所示，这里共同参数的设置基本与外形加工中共同参数的设置相同，这里单击【深度】按钮旁边的【计算器】图标，系统弹出【深度的计算】对话框，如图5-57所示。

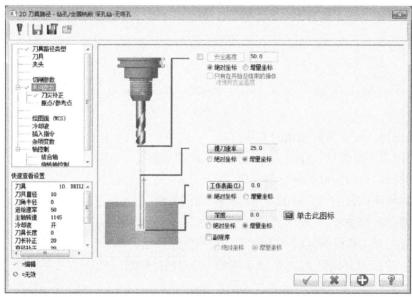

图5-56 共同参数对话框

1）使用当前的刀具值：设置以当前使用的刀具直径作为计算深度补偿的基准。

2）刀具直径：设置当前使用的刀具直径。

3）刀具尖部包含的角度：即钻头的顶角，标准麻花钻的顶角为118°。

4）精修的直径：设置当前要计算的刀具直径。

5）刀具尖部的直径：设置要计算的刀具刀尖处的直径。

6）增加深度：将计算出来的深度增加到钻孔深度

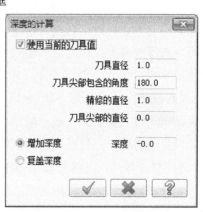

图5-57 深度的计算对话框

值中。

7）复盖深度：将计算出来的深度覆盖到原来的钻孔深度。

在图5-54【2D刀具路径-钻孔】对话框中单击【刀尖补正】选项，系统弹出【刀尖补正】对话框，如图5-58所示。采用刀尖补正功能可以使钻头在钻削通孔时保证不留钻削余量。

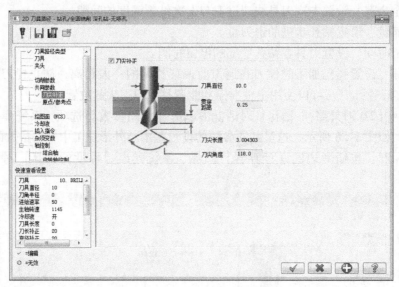

图5-58　刀尖补正对话框

8）刀具直径：设置当前使用的刀具直径。

9）贯穿距离：设置钻头除钻尖以外贯穿工件的距离。

10）刀尖长度：钻头钻尖部分的长度。

11）刀尖角度：钻头钻尖处的角度，即麻花钻顶角。

3. 钻孔点的选择方式

在进行钻孔刀具路径编制时，需要定义孔的位置。当在主菜单上选择钻孔刀具路径后，系统会弹出【选择钻孔的点】对话框，如图5-59所示。

1）手动方式：在图5-59中单击 ▭▭▭▭ 按钮，表示采用手动方式选取钻孔点，这是系统默认的选点方式。用户可以选择屏幕上存在的点、输入点的坐标或者捕捉某些特殊点（端点、交点、象限点等）作为钻孔点。

2）自动方式：在图5-59中单击 自动 按钮，表示采用自动方式选取钻孔点，采用自动方式选取点将通过三点定义自动选取一系列已存在的点作为钻孔的中心点。

3）图素方式：在图5-59中单击 图素 按钮，表示采用选取图素的方式选取钻孔点。单击该按钮后，系统提示用户选取图素，在屏幕上选取图素，系统根据用户捕捉图

图5-59　选取钻孔的点对话框

素点的位置自动判断钻孔点的中心位置。采用图素方式系统会自动过滤掉重复的点。

4）窗选方式：在图5-59中单击 ▨窗选▨ 按钮，表示采用窗口选取的方式选取钻孔点。通过窗口的左上角和右下角来选取窗口内的点，系统根据所选取的点按系统默认的钻孔顺序来产生钻孔刀具路径。

5）限定圆弧：在图5-59中单击 ▨限定圆弧▨ 按钮，表示采用限定圆弧半径的方式选取钻孔点。单击该按钮后，系统提示选取基准圆弧，在绘图区选择某一圆弧作为基准圆弧，后面选取的任何圆弧只要半径与基准圆弧相等，即被选中。

4. 钻孔点的排序

钻孔时，当选取的钻孔点超过3个时，钻孔点的排序会影响到钻孔的效果与加工效率。在图5-59中单击 ▨排序...▨ 按钮，打开【排序方式】对话框，分为2D排序、旋转排序和交叉断面排序三种类型。

（1）2D排序方式　图5-60所示为2D排序方式，该排序方式主要采用线性方式，适合栅格阵列的钻孔点，又可分为 X 向型、Y 向型和点到点型三大类，图中标示出了起始点。

（2）旋转排序方式　图5-61所示为旋转排序方式，旋转排序方式分为顺时针方向和逆时针方向两种类型，每种类型又分为从外向里排序和从里向外排序两种方式。

（3）交叉断面排序方式　图5-62所示为交叉断面排序方式，主要分为顺时针方向和逆时针方向两种类型。

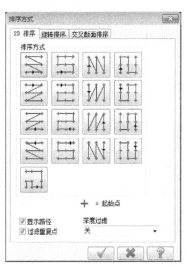
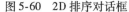

图5-60　2D排序对话框

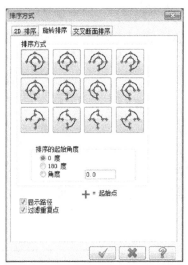

图5-61　旋转排序对话框

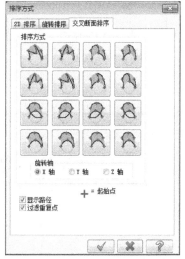

图5-62　交叉断面排序对话框

【任务实施】

步骤1　单击【机床类型】下拉菜单，选择【铣床】|【默认】，如图5-63所示，确定机床类型。

步骤2　单击【刀具路径】下拉菜单，选择【钻孔】命令，如图5-64所示。

步骤3　系统弹出【输入新的 NC 名称】对话框，在文本框输入新的 NC 名称，如图5-65所示。

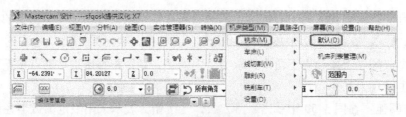

图 5-63　选择机床类型

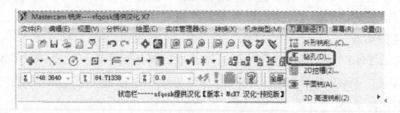

图 5-64　选择刀具路径

步骤 4　单击确定按钮 ✓ ，系统弹出【串连】选项对话框，依次选取图中 6 个孔的中心，单击确定按钮 ✓ ，完成选取，如图 5-66 所示。

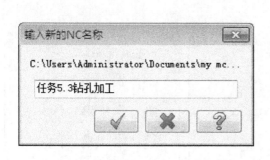

图 5-65　输入新的 NC 名称对话框

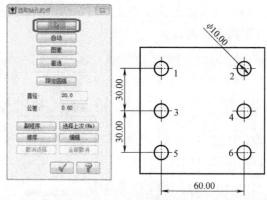

图 5-66　选取串连

步骤 5　系统弹出【2D 刀具路径-钻孔】对话框，选择刀具路径类型为"钻孔"，如图 5-67 所示。

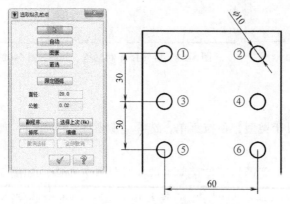

图 5-67　钻孔刀具路径

步骤6　在【2D刀具路径-外形】对话框中选择【刀具】选项，系统弹出刀具参数选项卡。在刀具参数选项卡的空白处单击鼠标右键，在弹出的菜单中选择【创建新刀具】选项，如图5-68所示，此时系统弹出【定义刀具】对话框，如图5-69所示，选取刀具类型为【钻孔】，系统弹出【钻孔】选项卡，单击确定按钮 <input disabled="" type="checkbox"> ，如图5-70所示。

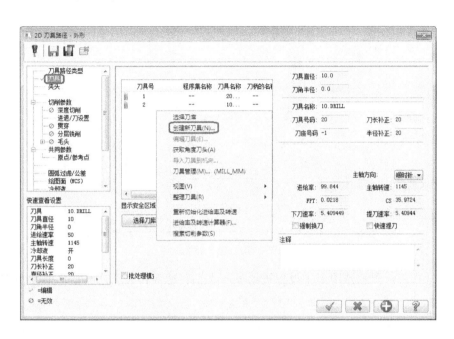

图5-68　刀具对话框

图5-69　定义刀具

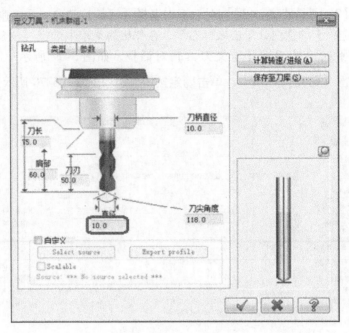

图 5-70　定义钻孔

步骤 7　在刀具参数选项卡中设置进给率、主轴转速等相关工艺参数，如图 5-71 所示。

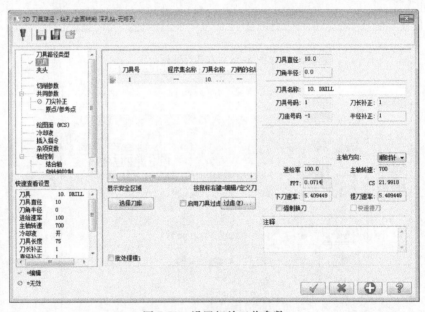

图 5-71　设置相关工艺参数

步骤 8　在【2D 刀具路径-钻孔】对话框中选择【切削参数】选项，设置切削参数，如图 5-72 所示。

步骤 9　在【2D 刀具路径-钻孔】对话框中选择【共同参数】选项，设置共同参数。在【深度】文本框里输入深度" - 6"，该值是钻尖处的深度，由于加工孔为不通孔，要保证孔的有效深度为" - 6"，必须考虑钻尖"部分"的距离，单击【深度】按钮右边的【计算

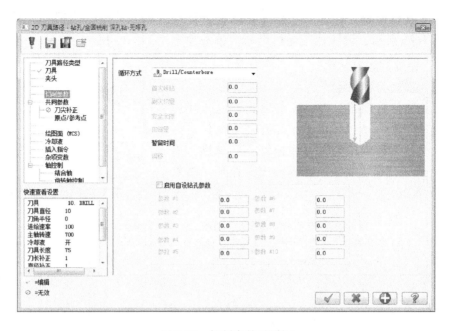

图 5-72　切削参数对话框

器】按钮，系统弹出【深度的计算】对话框，根据用户输入的刀具直径及刀具尖部包含的角度自动计算钻尖部分的距离，选中【增加深度】选项系统会把计算出来的深度自动补偿到钻孔深度里，如图 5-73 所示。

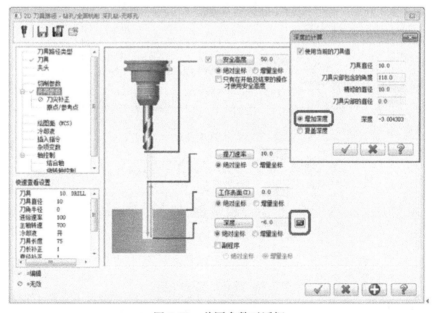

图 5-73　共同参数对话框

步骤 10　单击【确定】按钮，生成钻孔刀具路径，如图 5-74 所示。

步骤 11　设置毛坯尺寸。

在【刀具路径管理器】中单击【属性】|【素材设置】选项，弹出【机床群组属性】对

话框，单击【素材设置】标签，打开【素材设置】选项卡，如图5-75所示，设置加工毛坯尺寸，单击确定按钮 ✔ ，完成毛坯的设置。

步骤12 验证刀具路径。

在【刀具路径管理器】中，单击【验证已选择的操作】按钮，如图5-76所示，系统弹出【验证】对话框，在【验证】对话框中勾选【碰撞停止】选项，单击【运行】按钮，系统模拟所选择的刀具路径，结果如图5-77所示。

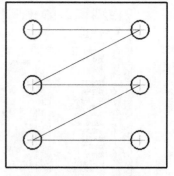

图 5-74　钻孔刀具路径

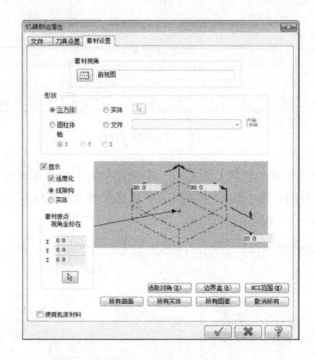

图 5-75　设置毛坯尺寸

图 5-76　验证已选择的操作

步骤13 后处理生成程序清单：在【刀具路径管理器】中，单击【程序后处理】按钮【G1】，系统弹出【后处理程序】对话框，完成相应设置，如图5-78所示，单击确定按钮 ✔ ，系统弹出【程序保存】对话框，用户选择程序保存路径，单击确定按钮 ✔ ，如图5-79所示，系统自动弹出程序清单，如图5-80所示。

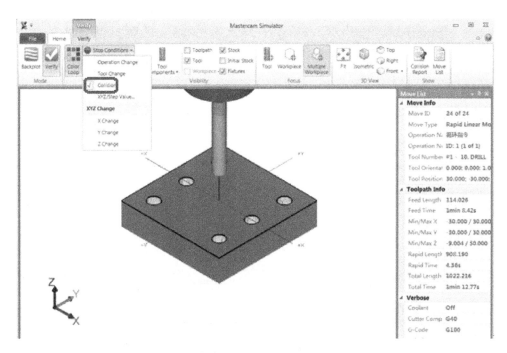

图 5-77　验证刀具路径

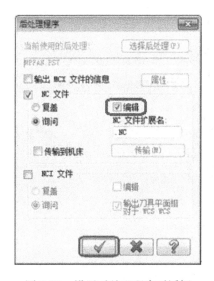

图 5-78　设置后处理程序对话框

步骤 14　生成的程序中，有些内容可能会和用户的数控机床设置不相同，需要对程序进行修改，如本项目程序中的 N130、N240 段程序中间有第四轴指令"A0"，而实习用的数控机床没有第四轴，所以要把程序中所有的"A0"指令删除，否则机床会出现报警。还可以把程序头部括号里的内容删除，因为这部分的内容实际上是不执行的。另外，如果使用的数控机床并非加工中心，没有自动换刀功能，就要把换刀指令，如本项目程序中的 N120 段"T1 M6"包括程序中所有的换刀指令删除，修改完毕再重新保存程序。修改后的程序清单如图 5-81 所示。

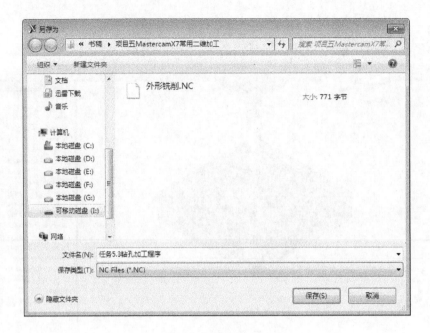

图 5-79 选择程序保存路径

图 5-80 程序清单

　　本任务以一个简单的钻孔加工实例讲解了钻孔刀具路径的生成过程。相关的刀具路径还可以用钻中心孔、钻深孔、铰孔、镗孔、攻螺纹等，其刀具路径的生成过程与上述钻孔刀具路径相似。钻孔点的选取除了手动方式外，还有自动方式、图素方式、窗选方式和限定半径方式。部分内容将在后面综合加工项目中有所讲解。

任务5.3钻孔加工程序* ×

```
 1    %
 2    O0000(任务5)
 3    N100 G21
 4    N110 G0 G17 G40 G49 G80 G90
 5    N130 G0 G90 G54 X-30. Y30.   S700 M3
 6    N140 G43 H1 Z50.
 7    N150 G98 G81 Z-9.004 R10. F100.
 8    N160 X30.
 9    N170 X-30. Y0.
10    N180 X30.
11    N190 X-30. Y-30.
12    N200 X30.
13    N210 G80
14    N220 M5
15    N230 G91 G28 Z0.
16    N240 G28 X0. Y0.
17    N250 M30
18    %
```

图 5-81　修改后的程序清单

【任务评价】（表5-3）

表 5-3　项目实施评价表

序号	检测内容与要求	分值	自评（25%）	小组评价（25%）	教师评价（50%）
1	学习态度	5			
2	绘制二维轮廓,如图 5-53 所示	10			
3	合理选择铣床	5			
4	合理设置毛坯	5			
5	合理选定刀具及切削参数	15			
6	合理选定共同参数	5			
7	合理选定钻孔的顺序	10			
8	验证刀具路径的正确性及生成 NC 程序	5			
9	按指定文件名,上交至规定位置	5			
10	任务实施方案的可行性,完成的速度	10			
11	小组合作与分工	5			
12	学习成果展示与问题回答	10			
13	安全、规范、文明操作	10			
总分		100	合计:		
问题记录和解决方法	实施中出现的问题和采取的解决方法				

任务4　挖槽铣削加工

【任务描述】

通过完成图 5-82 所示图形的加工，了解并掌握标准挖槽铣削加工刀具路径的生成过程，对简单的封闭槽进行加工程序编制。

【任务分析】

挖槽铣削加工主要用来切除零件上封闭的或开放的外形所包围的材料。它可以进行挖槽粗加工和精加工。

【知识链接】

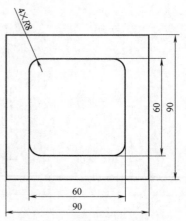

图 5-82　挖槽铣削加工图形

1. 二维挖槽加工的特点

挖槽加工也可称为型腔加工，是数控铣床、加工中心中常见的铣削加工内容之一。铣削型腔时，需要在由边界线确定的一个封闭区域内去除材料，该区域由侧壁和底面围成，型腔内部可以全空或有孤岛。

型腔的加工可分为粗加工和精加工两个阶段。

对于较浅的型腔，可用键槽铣刀插削到底面深度，先铣型腔的中间部分，然后再利用刀具半径补偿功能对垂直侧壁轮廓进行精铣加工。

对于较深的内部型腔，宜在深度方向分层切削，随后进行侧面铣削加工，将型腔扩大到所需的尺寸、形状。深度方向一般采用斜线进刀或螺旋进刀方式下刀。斜线进刀及螺旋进刀，都是靠铣刀的侧刃逐渐向下铣削而实现向下进刀的，所以这两种进刀方式用于端部切削能力较弱的面铣刀向下进给运动。

2. 挖槽加工的参数

在软件主菜单中单击【刀具路径】选择【2D 挖槽】刀具路径类型，选取串连后系统弹出【2D 刀具路径-2D 挖槽】对话框，如图 5-83 所示。

切削参数　在图 5-83 所示的【2D 刀具路径-2D 挖槽】对话框中单击【切削参数】选项，系统弹出【切削参数】对话框，用于设置加工方向、挖槽加工方式等参数，如图 5-84 所示，部分参数含义如下。

① 加工方向：设置刀具相对工件的加工方向，分为顺铣和逆铣两种。顺铣时刀具与工件接触点处的旋转方向与刀具的前进方向相反；逆铣时刀具与工件接触点处的旋转方向与刀具的前进方向相同。

② 挖槽加工方式：设置挖槽加工的类型，有标准、平面铣削、使用岛屿深度、等 5 种类型。

◆ 标准：标准挖槽只能针对封闭的二维槽形工件加工，采用逐层加工的方式，每层加工时刀具会以最少的刀具路径、最快的速度去除余量，它是加工效率非常高的一种刀具路径。

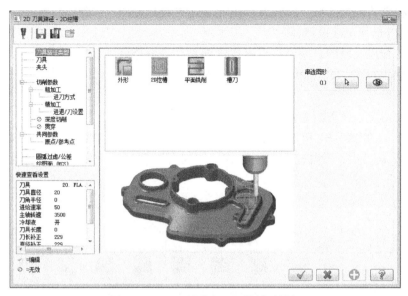

图 5-83　2D 刀具路径-2D 挖槽对话框

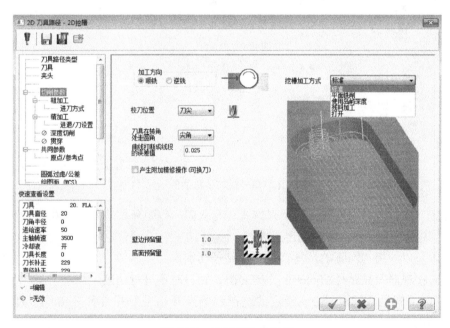

图 5-84　切削参数对话框

◆ 平面铣削：平面铣削不仅能在定义的封闭外形内进行铣削，而且还能沿轮廓向边界延伸加工。类似于前面的二维平面铣削加工。

◆ 使用岛屿深度：使用岛屿深度可以控制槽中间岛屿的加工深度。通过设置岛屿上方的预留量来控制岛屿上表面距离工件表面的深度值。

◆ 残料加工：对槽的外形进行二次加工，用于铣削上一次挖槽加工后留下的残余材料。

◆ 打开：专门针对不包含孤岛的开放槽进行加工。

③ 校刀位置：设置刀具刀位点为刀尖还是球心。

④ 刀具在转角处走圆角：设置刀具在转角处的走刀方式，有全部、无和尖角三种方式，具体含义参见外形加工参数解释。

⑤ 曲线打断成线段的误差值：当串连的图素为任意空间方位的圆弧或样条曲线时，由系统实行线性化处理，该值的大小由零件的加工精度决定。

⑥ 壁边预留量：设置 XY 方向上的预留量。

⑦ 底面预留量：设置槽底部即 Z 方向的预留量。

1）粗加工：在图 5-84 所示【切削参数】对话框中单击【粗加工】选项，系统弹出【粗加工】对话框，用于设置挖槽切削方式、切削间距等参数，如图 5-85 所示，部分参数含义如下。

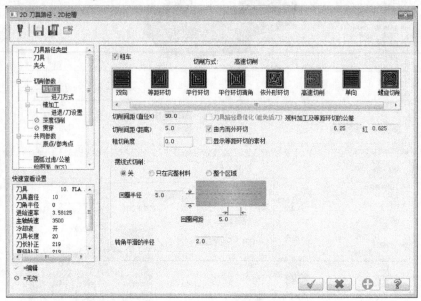

图 5-85　粗加工对话框

① 切削方式：设置挖槽加工的走刀方式，有双向、等距环切等 8 种方式。8 种走刀方式包含 2 种直线走刀方式和 6 种螺旋走刀方式。

◆ 双向：以一组有间隔的往复直线刀具路径切削。

◆ 单向：单向刀具路径朝同一个方向切削，回刀时不进行切削。

螺旋走刀方式是从挖槽中心或指定的挖槽起始点开始进刀并沿着 Z 方向以螺旋下刀方式进刀进行切削。

◆ 等距环切：以等距切削的方式产生挖槽刀具路径。

◆ 平行环切：以平行切削的方式产生挖槽刀具路径。

◆ 平行环切清角：以平行切削并清角的方式产生挖槽刀具路径。

◆ 依外形环切：在外部边界和岛屿之间逐步切削的挖槽刀具路径。

◆ 高速切削：以平滑、优化的圆弧刀具路径和较快的速度进行切削。

◆ 螺旋切削：以螺旋线的形式进行切削，刀具路径连续相切。

② 切削间距：两条刀具路径之间的距离，用直径的百分比或距离的方式进行设置。

◆ 直径的百分比：设置在 XY 方向以刀具直径的百分比来定义两条刀具路径之间的距

离，一般取刀具直径的 60% ~75%。

◆ 距离：设置在 *XY* 方向以距离来定义两条刀具路径之间的距离，与上述的直径百分比联动。

③ 粗切角度：设置为单向或双向走刀方式时，刀具路径切削方向与 *X* 轴的夹角。

④ 刀具路径最佳化（避免插刀）：选中该复选框，系统对刀具路径进行优化，以最佳的方式走刀。

⑤ 由内而外环切：用于设置螺旋进刀方式时的挖槽起点。选中该复选框时，刀具路径从挖槽中心或指定的挖槽起始点切削至挖槽边界。未选中该复选框，刀具路径从挖槽边界螺旋切削至内腔中心。

在图 5-85 所示【粗加工】对话框中单击【进刀方式】选项，系统弹出【进刀方式】对话框，如图 5-86 所示，用于设置粗加工的进刀方式。进刀方式有关、斜插和螺旋式下刀 3 种。图 5-86 所示为斜插下刀方式。

⑥ 关：这是系统默认的下刀方式，刀具以垂直的方式下刀。一般用切削刃过中心的键槽刀慢速下刀。

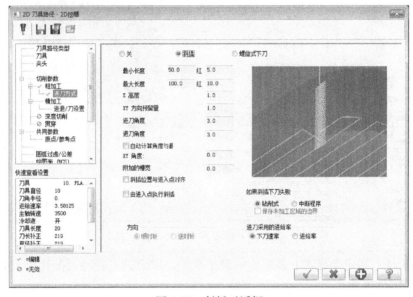

图 5-86　斜插对话框

⑦ 斜插：设置采用与水平面呈一定角度的倾斜直线式下刀方式。部分参数含义如下。

◆ 最小长度：指定斜插下刀进刀路径的最小长度。以刀具直径的百分比或直接输入最小长度值指定，两者联动。

◆ 最大长度：指定斜插下刀进刀路径的最大长度。其指定方法与最小长度指定方法相同，两者联动。

◆ *Z* 高度：指定开始斜插下刀的高度。

◆ *XY* 方向预留量：指定最后精修加工的预留量。

◆ 进刀角度：指定斜插下刀的角度。

◆ 退刀角度：指定斜插退刀的角度。

◆ 自动计算角度与最长边平行、*XY* 角度：选中该复选框时，斜插下刀在 *XY* 轴方向的角度由系统决定；未选中该复选框时，斜插下刀在 XY 轴方向的角度由【XY 角度】输入框中输入的角度值决定。

◆ 附加的槽宽：指定添加的额外刀具路径。

◆ 斜插位置与进入点对齐：选中该复选框，进刀点与刀具路径对齐。

◆ 由进入点进行斜插：选中该复选框，进刀点是斜插刀具路径的起点。

◆ 如果斜插下刀失败：当出现斜插下刀失败的情况，可以选择钻削式下刀或中断程序的方式解决。

◆ 进刀采用的进给率：指定进刀过程中采用的速率，可以选择下刀速率或进给率。

⑧ 螺旋式下刀：在【斜插】对话框中选中【螺旋式下刀】选项，系统弹出【螺旋式下刀】对话框，如图5-87所示，部分参数含义如下。

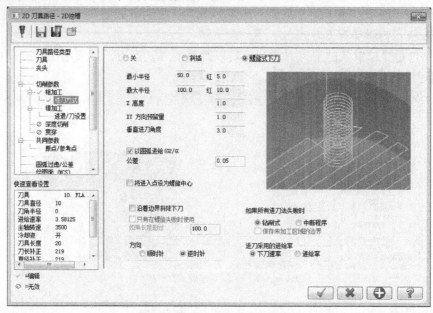

图 5-87　螺旋式下刀对话框

◆ 最小长度：指定螺旋式下刀螺旋的最小半径。以刀具直径的百分比或直接输入最小半径值指定，两者联动。

◆ 最大长度：指定螺旋式下刀螺旋的最大半径。以刀具直径的百分比或直接输入最大半径值指定，两者联动。

◆ Z 高度：指定开始螺旋式下刀的高度。

◆ XY 方向预留量：指定最后精修加工的预留量。

◆ 垂直进刀角度：指定螺旋式下刀的角度。

◆ 将进入点设为螺旋中心：选中该复选框，将刀具进入点设定为螺旋的中心。

◆ 沿着边界斜降下刀：选中该复选框时，设定刀具沿着边界移动。

◆ 只有在螺旋失败时使用：当螺旋下刀失败时，设定刀具沿着边界移动。

◆ 如果所有进刀法失败时：当出现所有进刀法都失败的情况，可以选择钻削式下刀或中断程序的方式解决。

◆ 进刀采用的进给率：指定进刀过程中采用的速率，可以选择下刀速率或进给率。

2）精加工：在图 5-84 所示的【切削参数】对话框中单击【精加工】选项，系统弹出【精加工】对话框，如图 5-88 所示，用于设置精加工次数、精修量等参数，部分参数含义如下。

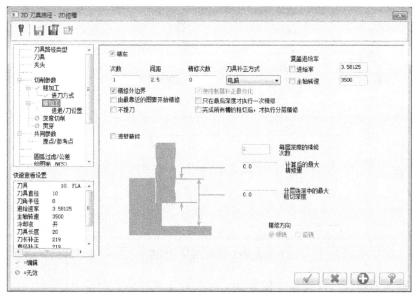

图 5-88　精加工对话框

① 次数：设置精加工的次数。

② 间距：设置精加工时，相邻两条刀具路径之间的距离。

③ 精修次数：设置修光的次数。

④ 刀具补正方式：设置精加工时刀具补偿的类型，具体的补正方式参见外形加工。

⑤ 复盖进给率：可以设置新的精修进给率和主轴转速替代前面粗加工时的进给率和主轴转速。

⑥ 精修外边界：设置对边界进行精修。

⑦ 由最靠近的图素开始精修：设置从最靠近的图形开始精修。

⑧ 不提刀：设置精修时不提刀。

⑨ 只在最后深度才执行一次精修：设置只在槽的最后深度执行一次精修。

精加工时的进/退刀设置参见外形加工中进/退刀参数的设置。

3）深度切削：在图 5-84 所示的【切削参数】对话框中单击【深度切削】选项，系统弹出【深度切削】对话框，如图 5-89 所示，用于设置刀具在深度方向上的加工参数，部分参数含义如下。

① 最大粗切步进量：设置分层切削每层的最大切削深度。

② 精修次数：设置精修的次数。

③ 精修量：设置精修的余量。

④ 不提刀：选中该复选框，在每层切削完毕不提刀而直接进入下一层切削；不选中该复选框，刀具切削完一层要进行抬刀动作。

⑤ 使用岛屿深度：设置当槽内部存在岛屿时，激活【岛屿深度】选项。

⑥ 副程式：设置每层切削刀具路径是否采用子程序加工。

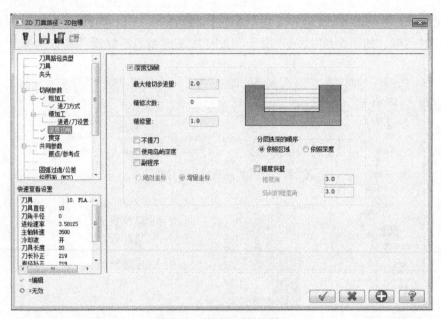

图 5-89　深度切削对话框

⑦ 分层铣深的顺序：设置多个槽形加工时的加工顺序。

◆依照区域：加工时以区域为单位，将每一个区域加工完毕后，再进入下一个区域加工。

◆依照深度：加工时以深度为依据，在同一深度上加工完所有区域后，再进入下一层深度加工。

⑧ 锥度斜壁：设置挖槽加工侧壁的锥度角。

4）贯穿：在图 5-84 所示的【切削参数】对话框中单击【贯穿】选项，系统弹出【贯穿】对话框，如图 5-90 所示，用于在加工通槽时设置刀具的贯穿参数，贯穿参数含义如下。

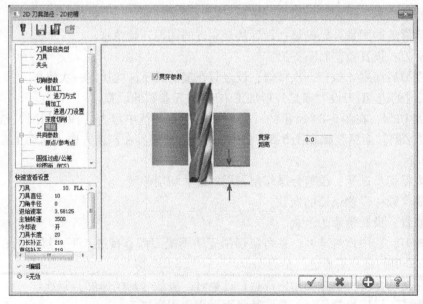

图 5-90　贯穿对话框

贯穿距离：用于设置刀具贯穿槽底部的长度，是刀尖穿透槽的最低位置并低于最低位置的绝对值。

【任务实施】

步骤1　单击【机床类型】下拉菜单，选择【铣床】|【默认】，如图 5-91 所示，选择机床类型。

图 5-91　选择机床类型

步骤2　单击【刀具路径】下拉菜单，选择【2D 挖槽】命令，如图 5-92 所示。

图 5-92　选择刀具路径

步骤3　系统弹出【输入新的 NC 名称】对话框，在文本框中输入新的 NC 名称，如图 5-93 所示。

步骤4　单击确定按钮✓，系统弹出【串联选项】对话框，如图 5-94 所示。

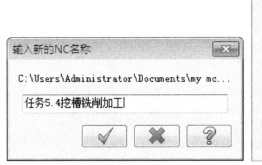

图 5-93　输入新的 NC 名称对话框

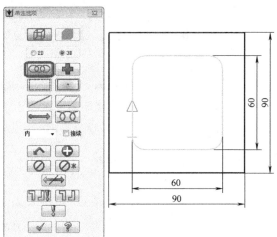

图 5-94　选取串连

步骤5　单击确定按钮✓，系统弹出【2D 刀具路径-2D 挖槽】对话框，该对话框用来选取 2D 加工类型，选取【刀具路径类型】为【2D 挖槽】如图 5-95 所示。

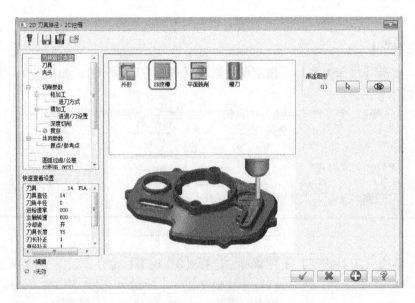

图 5-95　2D 挖槽刀具路径

步骤6　在【2D 刀具路径-2D 挖槽】对话框中单击【刀具】选项，系统弹出【刀具】对话框，此对话框设置刀具及相关参数，如图 5-96 所示。

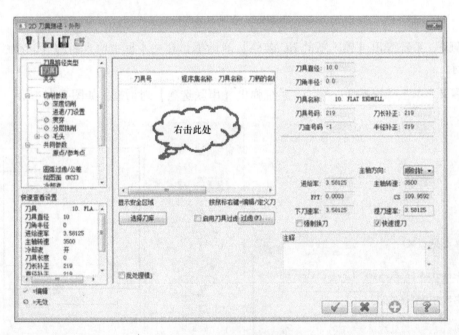

图 5-96　刀具对话框

步骤7　在刀具参数选项卡的空白处（【刀具号】下面）单击鼠标右键，在右键菜单中选择【新建刀具】选项，弹出【定义刀具】对话框，如图 5-97 所示。

步骤8　选取刀具类型为【平底刀】，系统弹出【平底刀】选项卡，设置刀具直径为

"14"，如图 5-98 所示，单击确定按钮 ，完成设置。

图 5-97　定义刀具

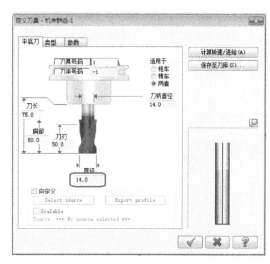

图 5-98　平底刀对话框

步骤 9　在刀具参数选项卡中设置相关参数，如进给速率、主轴转速等，如图 5-99 所示。

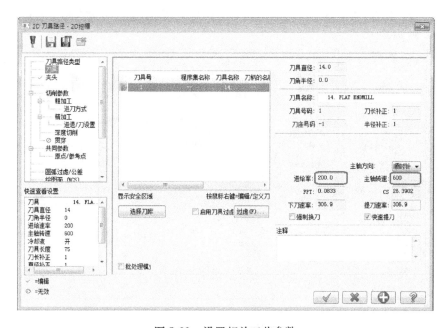

图 5-99　设置相关工艺参数

步骤 10　在【2D 刀具路径-2D 挖槽】对话框中单击【切削参数】选项，系统弹出【切削参数】对话框，设置相关切削参数，如图 5-100 所示。

步骤 11　在【2D 刀具路径-2D 挖槽】对话框单击【粗加工】选项，系统弹出【粗加工】对话框，这里选取【平行环切】的加工方式，如图 5-101 所示。

步骤 12　在【2D 刀具路径-2D 挖槽】对话框单击【进刀方式】，系统弹出【进刀方

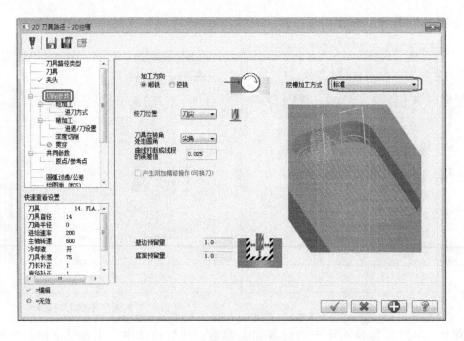

图 5-100　切削参数对话框

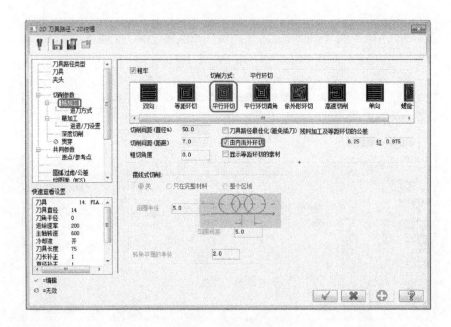

图 5-101　粗加工对话框

式】对话框，设置粗加工深度进刀方式，这里选择【螺旋式下刀】方式，如图 5-102 所示。

　　步骤 13　在【2D 刀具路径-2D 挖槽】对话框单击【精加工】选项，系统弹出【精加工】对话框，设置精加工参数，如图 5-103 所示。

　　步骤 14　在【2D 刀具路径-2D 挖槽】对话框单击【进退/刀参数】，系统弹出【进退/刀设置】对话框，设置精加工进/退刀方式，如图 5-104 所示。

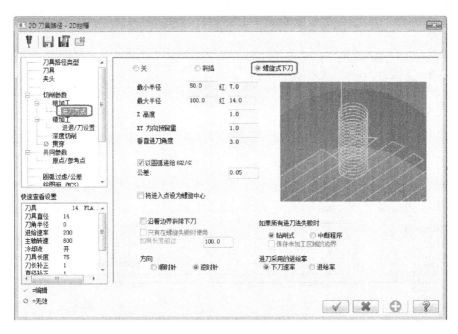

图 5-102　挖槽粗加工进刀方式对话框

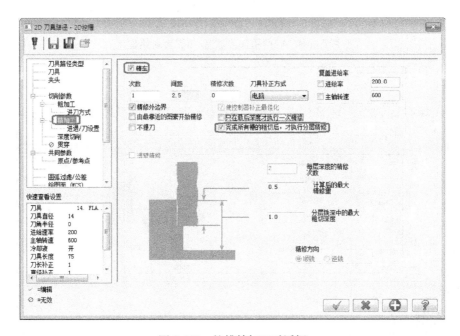

图 5-103　挖槽精加工对话框

步骤 15　在【2D 刀具路径-2D 挖槽】对话框单击【深度切削】选项，系统弹出【深度切削】对话框，设置深度分层加工参数，如图 5-105 所示。

步骤 16　在【2D 刀具路径-2D 挖槽】对话框中单击【共同参数】选项，系统弹出【共同参数】对话框，设置 2D 刀具路径共同参数，如安全高度、提刀速率、深度等，如图 5-106所示。

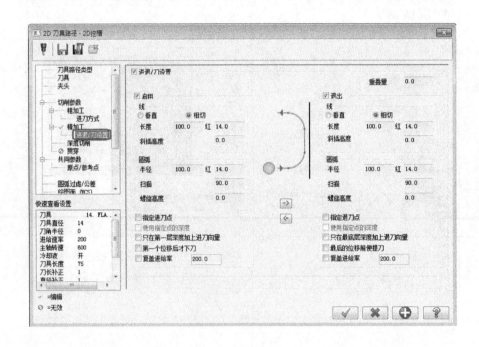

图 5-104　挖槽精加工进退/刀设置对话框

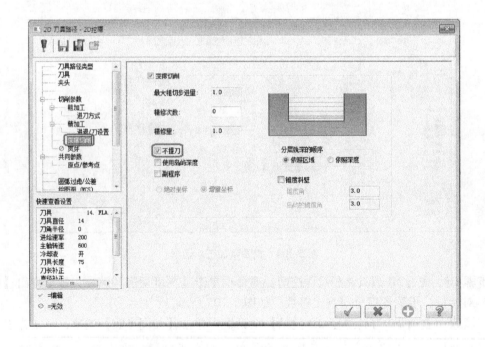

图 5-105　深度切削对话框

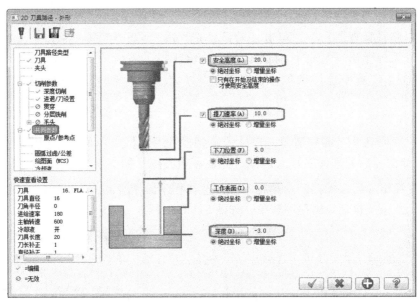

图 5-106 共同参数对话框

步骤 17 系统根据设置的参数，生成刀具路径，如图 5-107 所示。

步骤 18 设置毛坯尺寸。

在【刀具路径管理器】中单击【属性】|【素材设置】选项，弹出【机床群组属性】对话框，单击【素材设置】标签，打开【素材设置】选项卡，如图 5-108 所示，设置加工毛坯尺寸，单击确定按钮 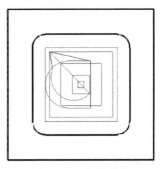，完成毛坯尺寸的设置。

图 5-107 刀具路径

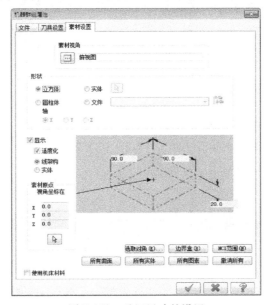

图 5-108 毛坯尺寸的设置

步骤 19 验证刀具路径。

在【刀具路径管理器】中，单击【验证已选择的操作】按钮，系统弹出【验证】对话框，在【验证】对话框中勾选【碰撞停止】选项，单击【运行】按钮，如图 5-109 所示，系统模拟所选择的刀具路径，结果如图 5-110 所示。

图 5-109　验证已选择的操作

步骤 20 后处理生成程序清单：在【刀具路径管理器】中，单击【程序后处理】按钮【G1】，系统弹出【后处理程序】对话框，完成相应设置，如图 5-111 所示，单击确定按钮，系统弹出【程序保存】对话框，用户选择程序保存路径，单击确定按钮，如图 5-112 所示，系统自动弹出程序清单，如图 5-113 所示。

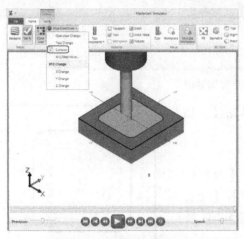

图 5-110　验证刀具路径

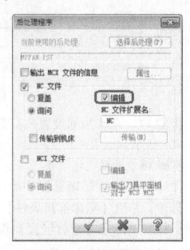

图 5-111　设置后处理程序

图 5-112　选择程序保存路径

步骤 21 生成程序的有些内容可能会和用户的数控机床设置不相同，需要对程序进行修改，例如，本项目程序中的 N130 及后面的 N930 段程序（图中略）中间有第四轴指令“A0”，而实习用的数控机床没有第四轴，所以要把程序中所有的“A0”指令删除，否则机床会出现报警。还可以把程序头部括号里的内容删除，因为这部分的内容实际上是不执行的。另外，如果使用的数控机床并非加工中心，没有自动换刀功能，就要把换刀指令，如本项目程序中的 N120 段“T1 M6”包括程序中所有的换刀指令删除，修改完毕再重新保存程序。修改后的程序清单如图 5-114 所示。

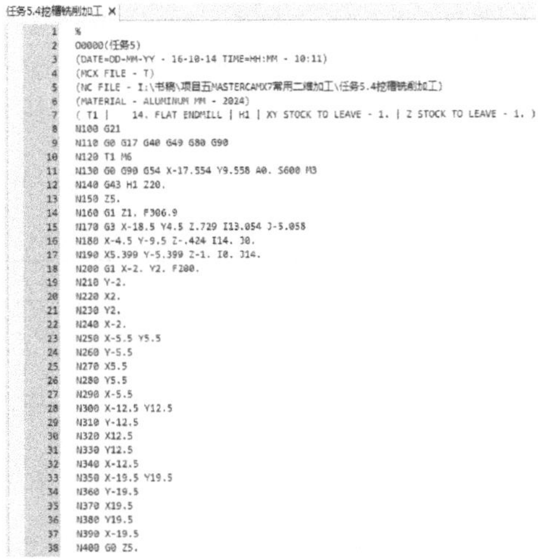

```
任务5.4挖槽铣削加工
%
O0000(任务5)
(DATE=DD-MM-YY - 16-10-14 TIME=HH:MM - 10:11)
(MCX FILE - T)
(NC FILE - I:\书稿\项目五MASTERCAMX7常用二维加工\任务5.4挖槽铣削加工)
(MATERIAL - ALUMINUM MM - 2024)
( T1 |    14. FLAT ENDMILL | H1 | XY STOCK TO LEAVE - 1. | Z STOCK TO LEAVE - 1. )
N100 G21
N110 G0 G17 G40 G49 G80 G90
N120 T1 M6
N130 G0 G90 G54 X-17.554 Y9.558 A0. S600 M3
N140 G43 H1 Z20.
N150 Z5.
N160 G1 Z1. F306.9
N170 G3 X-18.5 Y4.5 Z.729 I13.054 J-5.058
N180 X-4.5 Y-9.5 Z-.424 I14. J0.
N190 X5.399 Y-5.399 Z-1. I0. J14.
N200 G1 X-2. Y2. F200.
N210 Y-2.
N220 X2.
N230 Y2.
N240 X-2.
N250 X-5.5 Y5.5
N260 Y-5.5
N270 X5.5
N280 Y5.5
N290 X-5.5
N300 X-12.5 Y12.5
N310 Y-12.5
N320 X12.5
N330 Y12.5
N340 X-12.5
N350 X-19.5 Y19.5
N360 Y-19.5
N370 X19.5
N380 Y19.5
N390 X-19.5
N400 G0 Z5.
```

图 5-113 程序清单

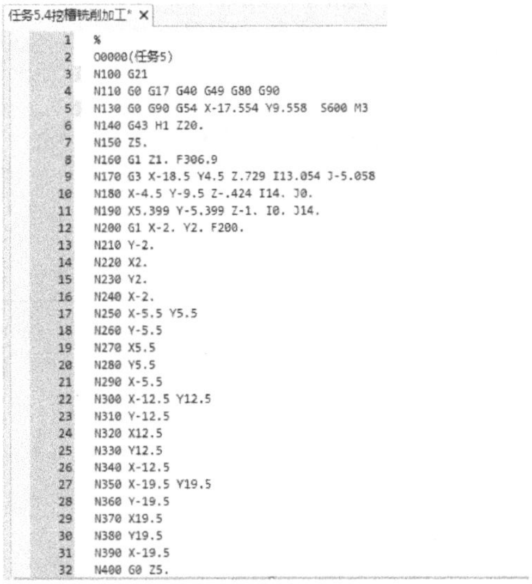

```
任务5.4挖槽铣削加工*
%
O0000(任务5)
N100 G21
N110 G0 G17 G40 G49 G80 G90
N130 G0 G90 G54 X-17.554 Y9.558  S600 M3
N140 G43 H1 Z20.
N150 Z5.
N160 G1 Z1. F306.9
N170 G3 X-18.5 Y4.5 Z.729 I13.054 J-5.058
N180 X-4.5 Y-9.5 Z-.424 I14. J0.
N190 X5.399 Y-5.399 Z-1. I0. J14.
N200 G1 X-2. Y2. F200.
N210 Y-2.
N220 X2.
N230 Y2.
N240 X-2.
N250 X-5.5 Y5.5
N260 Y-5.5
N270 X5.5
N280 Y5.5
N290 X-5.5
N300 X-12.5 Y12.5
N310 Y-12.5
N320 X12.5
N330 Y12.5
N340 X-12.5
N350 X-19.5 Y19.5
N360 Y-19.5
N370 X19.5
N380 Y19.5
N390 X-19.5
N400 G0 Z5.
```

图 5-114 修改后程序清单

本任务以一个简单的挖槽轮廓加工实例讲解了二维挖槽铣削刀具路径的生成过程。相关的刀具路径还有平面铣削、使用岛屿深度、残料加工和开放槽加工等。挖槽切削方式有双向、单向、等距环切等多种切削方式。部分内容将在后面综合加工项目中有所讲解。

【任务评价】（表 5-4）

表 5-4 项目实施评价表

序号	检测内容与要求	分值	自评（25%）	小组评价（25%）	教师评价（50%）
1	学习态度	5			
2	绘制二维轮廓，如图 5-82 所示	10			
3	合理选择铣床	5			
4	合理设置毛坯	5			
5	合理选定刀具及切削参数	10			
6	合理选定共同参数	5			
7	正确选定加工的内轮廓，合理确定挖槽加工方式进行粗加工	10			
	完成前面所加工面的精加工	5			

（续）

序号	检测内容与要求	分值	自评 （25%）	小组评价 （25%）	教师评价 （50%）
8	验证刀具路径的正确性及生成 NC 程序	5			
9	按指定文件名，上交至规定位置	5			
10	任务实施方案的可行性，完成的速度	10			
11	小组合作与分工	5			
12	学习成果展示与问题回答	10			
13	安全、规范、文明操作	10			
	总分	100	合计：		

问题记录和 解决方法	实施中出现的问题和采取的解决方法

项目6

职业技能鉴定应用实例

【学习目标】

通过本项目工作任务的学习，达到数控加工中级工及以上的水平。

（1）分析图样，明确加工要求。

（2）了解掌握机械零件的加工工艺分析。

（3）学习使用 Mastercam 软件生成刀具路径。

任务1　中级工综合应用实例一

【任务描述】

完成零件铣削加工，如图6-1所示。

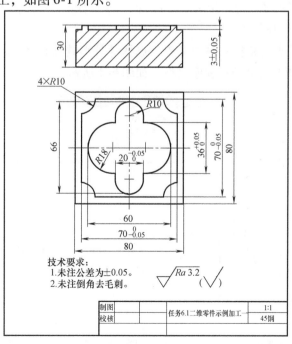

图6-1　二维零件图

【任务分析】

加工工艺安排：

（1）用 D16 平铣刀对外轮廓进行 2D 外形铣削粗加工。

（2）用 D16 平铣刀对内腔进行 2D 挖槽粗加工。

（3）用 D16 平铣刀对外轮廓进行 2D 外形铣削精加工。

（4）用 D16 平铣刀对内腔进行 2D 外形铣削精加工。

编制刀路说明：零件装夹采用机用平口钳。实习及技能鉴定考工过程中一般都是按单件生产条件加工，尺寸精度是通过修改刀具磨损来保证的，首先在相应的刀具磨损中放一个磨损值，精加工前，测量尺寸后根据测量结果修改该值，再次加工以保证尺寸精度，所以在二维实例加工项目中，刀具补正类型选择磨损方式与手工编程保持一致，便于保证工件的加工精度。采用此方式，程序中会产生刀具半径补偿指令 G41/G42/G40，在进退刀时若采用圆弧切入切出方式，会出现半径补偿指令后面紧跟圆弧指令，这时数控系统会产生报警信息，所以为避免这种情况，切入切出方式可以采用直线切入切出，也可以在圆弧切入切出点后加一段直线。例如，本项目外形铣削采用圆弧切入切出，首先在（−70, 0）绘制一进刀点，然后把外轮廓左边的那条边在中点处打断，这样从进刀点到轮廓会走一段直线，从而避免了报警信息的出现。下文提到的二维实例加工项目没有特殊说明均按此方式。

【任务实施】

步骤 1 根据图样绘制二维线框。

运行 Mastercam X7 软件，设置构图面为俯视图，视角为俯视图，作图层别为 1，工作深度 $Z = 0$。根据图 6-1 所示零件尺寸绘制二维线框，结果如图 6-2 所示。

步骤 2 工步（1）操作步骤。

步骤 2.1 单击【刀具路径】下拉菜单，选择【外形铣削】命令，弹出【输入新 NC 名称】对话框，在对话框里输入 NC 程序名称，如图 6-3 所示。

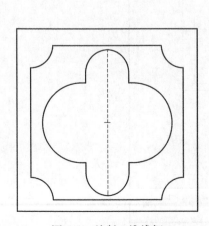

图 6-2　绘制二维线框

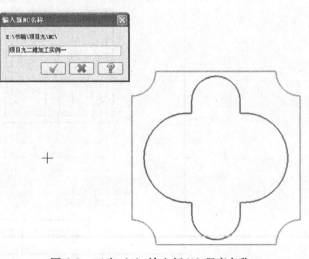

图 6-3　工步（1）输入新 NC 程序名称

步骤2.2　单击确定按钮 ，系统弹出串连选项对话框，选取点及外轮廓，箭头方向为刀具前进的方向，如图6-4所示。

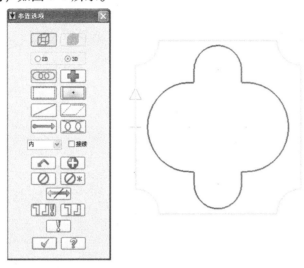

图6-4　工步（1）选取串连

步骤2.3　单击确定按钮 ，系统弹出【2D刀具路径-外形】对话框，该对话框用来选取2D加工类型，选取【刀具路径类型】为【外形】，如图6-5所示。

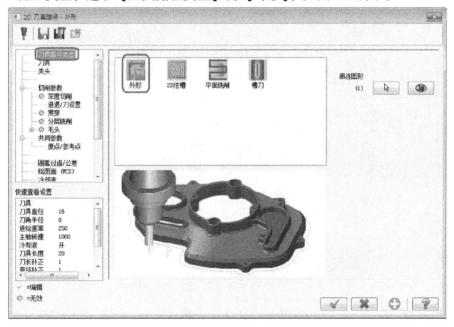

图6-5　工步（1）2D外形刀具路径

步骤2.4　在工步（1）【2D刀具路径-外形】对话框中单击【刀具】选项，屏幕弹出【刀具】对话框，此对话框可以设置刀具及相关工艺参数，如图6-6所示。

步骤2.5　在刀具选项卡的空白处（刀具号码下面）单击鼠标右键，在弹出的快捷菜单中选择新建刀具选项，弹出【定义刀具】对话框，如图6-7所示。

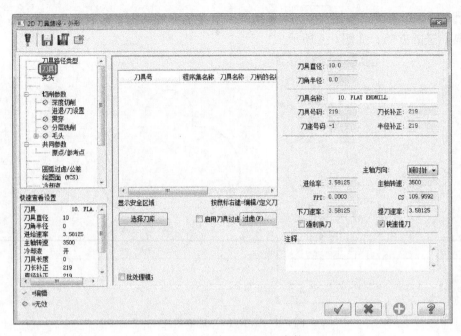

图 6-6　工步（1）刀具参数

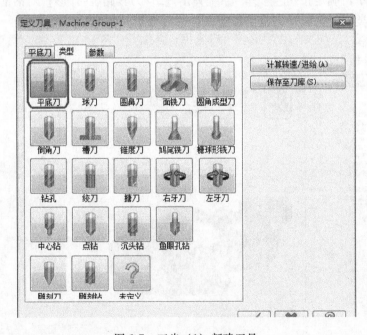

图 6-7　工步（1）新建刀具

步骤 2.6　选取【刀具类型】为【平底刀】，系统弹出【平底刀】选项卡，设置刀具直径为"16"，如图 6-8 所示，单击确定按钮 ，完成设置。

步骤 2.7　在【刀具参数】选项卡中设置相关参数，如进给速率、主轴转速等，如图 6-9 所示。

步骤 2.8　在工步（1）【2D 刀具路径-外形】对话框中单击【切削参数】选项，系统

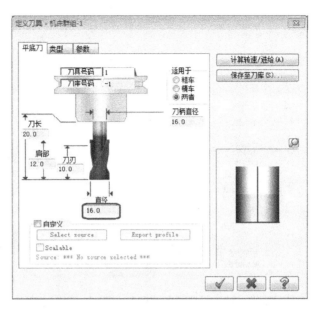

图 6-8 工步（1）定义刀具

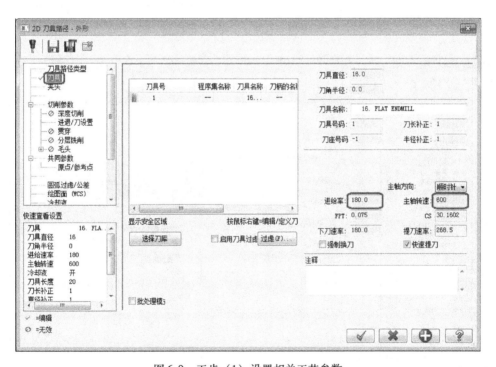

图 6-9 工步（1）设置相关工艺参数

弹出【切削参数】对话框，该对话框用来设置补正方式、补正方向等切削参数，如图 6-10 所示。

步骤 2.9 在工步（1）【2D 刀具路径-外形】对话框中单击【深度切削】选项，系统弹出【深度切削】对话框，该对话框用来设置深度分层、最大粗切步进量等参数，如图 6-11 所示。

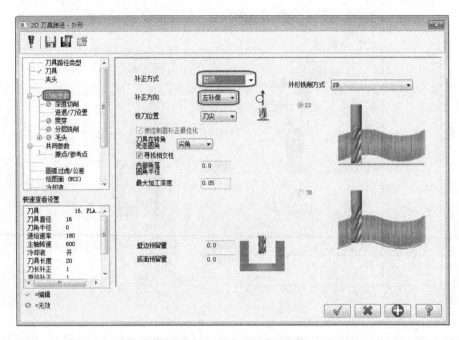

图 6-10　工步（1）切削参数

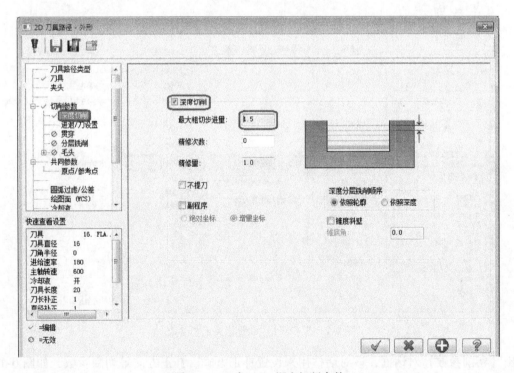

图 6-11　工步（1）深度切削参数

　　步骤 2.10　在工步（1）【2D 刀具路径-外形】对话框中单击【进退/刀参数】选项，系统弹出【进退/刀参数】对话框，该对话框主要用来设置进刀和退刀参数，本例选用【圆弧切入和圆弧退出】进退刀方式，如图 6-12 所示。

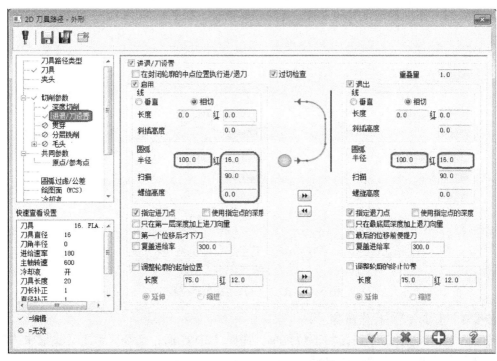

图 6-12 工步（1）进退/刀参数

步骤 2.11 在工步（1）【2D 刀具路径-外形】对话框中单击【共同参数】选项，系统弹出【共同参数】对话框，该对话框用来设置 2D 刀具路径共同参数，如安全高度、参考高度、加工深度等，如图 6-13 所示。

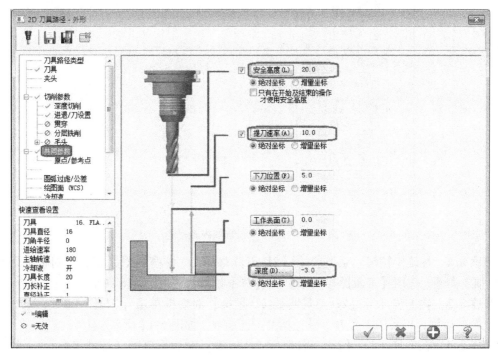

图 6-13 工步（1）共同参数

步骤 2.12 系统根据设置的参数，生成刀具路径，如图6-14所示。

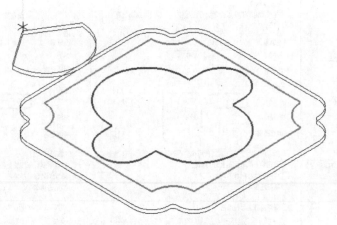

图6-14 工步（1）生成刀具路径

步骤 3 工步（2）操作步骤。

步骤 3.1 单击【刀具路径】下拉菜单，选择【2D挖槽】命令，弹出【选取串连】对话框，选取内腔串连，如图6-15所示。

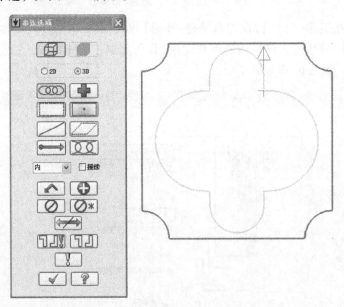

图6-15 工步（2）选取内腔串连

步骤 3.2 按确定按钮，系统弹出【2D刀具路径-2D挖槽】对话框，该对话框用来选取2D加工类型，选取【刀具路径类型】为【标准挖槽】，如图6-16所示。

步骤 3.3 在工步（2）【2D刀具路径-2D挖槽】对话框单击【刀具】选项，系统弹出刀具设置对话框，仍采用1号刀，设置相关工艺参数，如图6-17所示。

步骤 3.4 在工步（2）【2D刀具路径-2D挖槽】对话框单击【切削参数】，系统弹出【切削参数】对话框，设置相关切削参数，如图6-18所示。

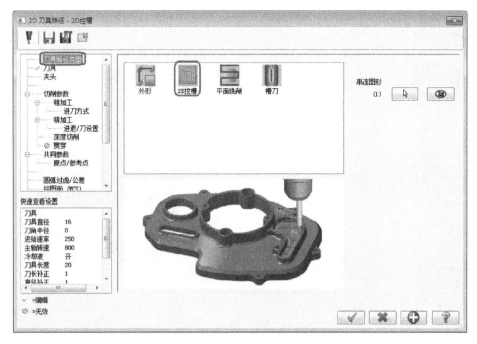

图 6-16　工步（2）挖槽加工刀具路径

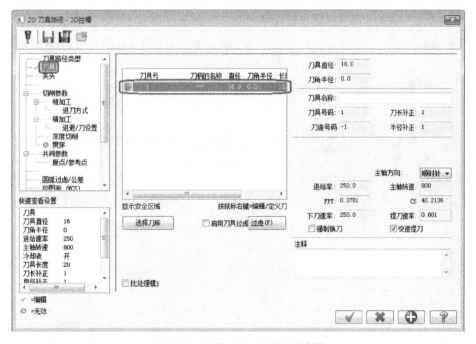

图 6-17　工步（2）相关工艺参数

步骤 3.5　在工步（2）【2D 刀具路径-2D 挖槽】对话框单击【粗加工】，系统弹出【粗加工】设置对话框，这里选取等距环切加工方式，由内向外切削，如图 6-19 所示。

步骤 3.6　在工步（2）【2D 刀具路径-2D 挖槽】对话框单击【进刀方式】，系统弹出粗加工进刀方式设置对话框，设置进刀方式，如图 6-20 所示。

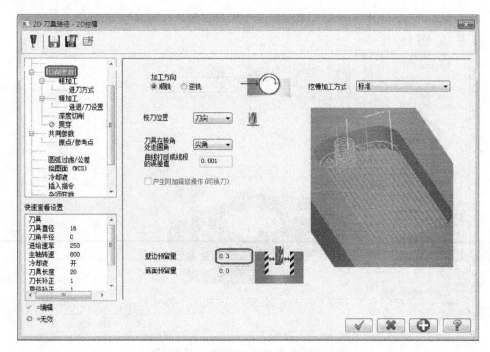

图 6-18　工步（2）挖槽切削参数

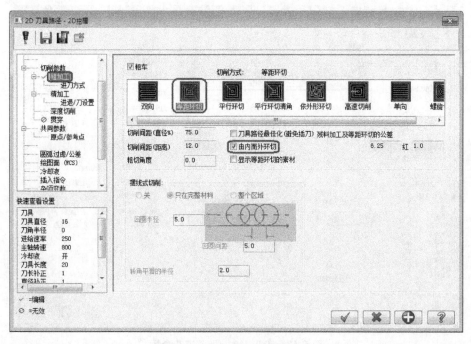

图 6-19　工步（2）挖槽粗加工

步骤 3.7　在工步（2）【2D 刀具路径-2D 挖槽】对话框单击【精加工】，系统弹出【精加工】参数设置对话框，设置精加工参数，如图 6-21 所示。

步骤 3.8　在工步（2）【2D 刀具路径-2D 挖槽】对话框单击【进退/刀设置】，系统弹出刀具【进退/刀设置】对话框，设置进退刀参数，如图 6-22 所示。

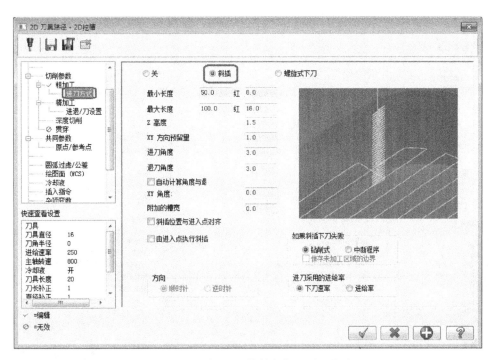

图 6-20 工步（2）挖槽粗加工进刀方式

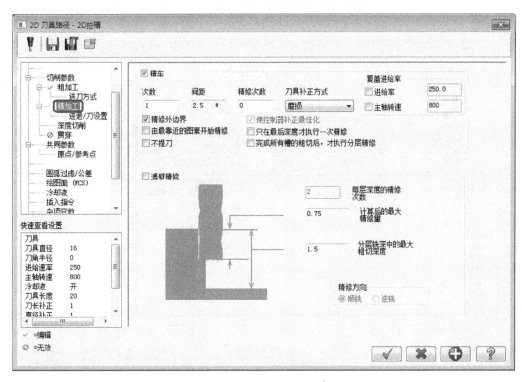

图 6-21 工步（2）挖槽精加工参数设置

步骤 3.9 在工步（2）【2D 刀具路径-2D 挖槽】对话框单击【深度切削】，系统弹出【深度切削】参数设置对话框，设置深度切削参数，如图 6-23 所示。

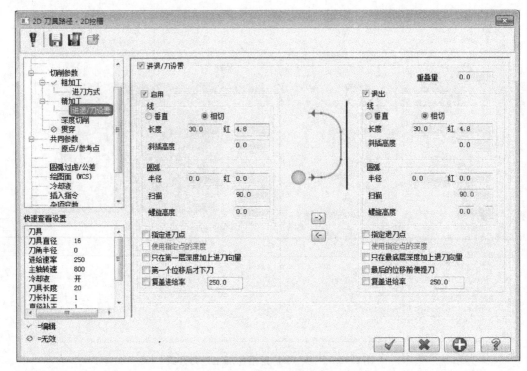

图 6-22　工步（2）挖槽进退/刀设置

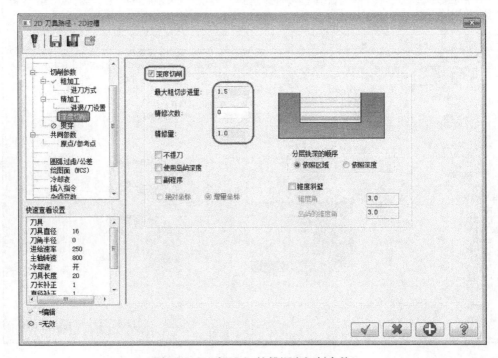

图 6-23　工步（2）挖槽深度切削参数

步骤 3.10　在工步（2）【2D 刀具路径-2D 挖槽】对话框单击【共同参数】，系统弹出【共同参数】设置对话框，设置相关参数，如图 6-24 所示。

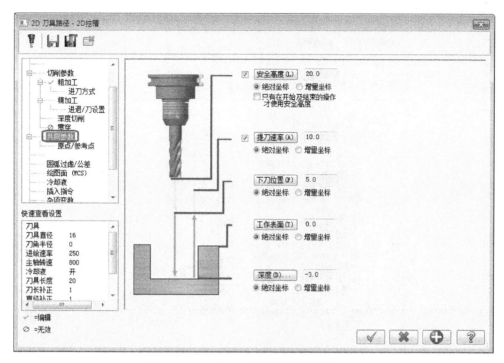

图6-24　工步（2）挖槽深共同参数设置

步骤3.11　系统根据设置的参数，生成挖槽刀具路径，如图6-25所示。

步骤4　工步（3）操作步骤。

步骤4.1　在刀具路径管理器中选中前面创建的【1-外形（2D）】刀具路径，在旁边空白处单击鼠标右键，选择【复制】，再次单击鼠标右键选择【粘贴】，产生一相同刀具路径【3-等高外形-(2D)】，如图6-26所示。

图6-25　工步（2）挖槽刀具路径

步骤4.2　在刀具路径管理器中选中【3-外形-(2D)】刀具路径，单击【参数】选项，系统弹出【2D刀具路径-外形】对话框，选择【刀具】选项，修改相关工艺参数，如图6-27所示。

步骤4.3　在工步（3）【2D刀具路径-外形】对话框中单击【切削参数】选项，设置切削参数，如图6-28所示。

步骤4.4　在工步（3）【2D刀具路径-外形】对话框单击深度切削选项，把深度切削选项前面方框里的勾去掉，即深度一次加工，如图6-29所示。

步骤4.5　在工步（3）【2D刀具路径-外形】对话框单击【进退/刀设置】选项，设置进退/刀参数，如图6-30所示。

步骤4.6　在工步（3）【2D刀具路径-外形】对话框设置【共同参数】与前面粗加工相同，单击确定按钮 ✓ ，生成工步（3）刀具路径，图略。

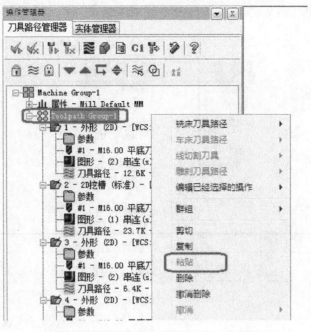

图 6-26 复制粘贴等高外形（2D）刀具路径

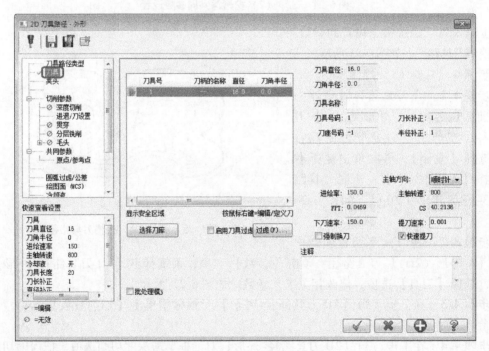

图 6-27 工步（3）相关工艺参数

步骤 5 工步（4）操作步骤。

步骤 5.1 在刀具路径管理器中选中前面创建的【3-外形（2D）】刀具路径，在旁边空白处单击鼠标右键，选择【复制】，再次单击鼠标右键选择【粘贴】，产生一相同刀具路径【4-等高外形-（2D）】，如图 6-31 所示。

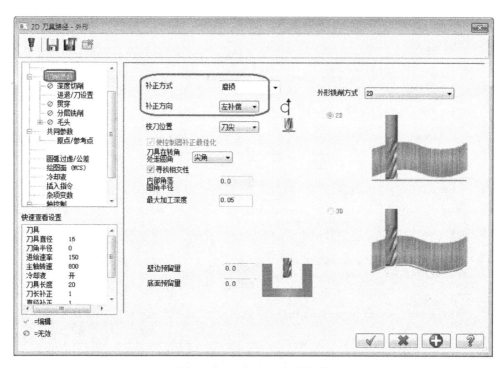

图 6-28　工步（3）切削参数

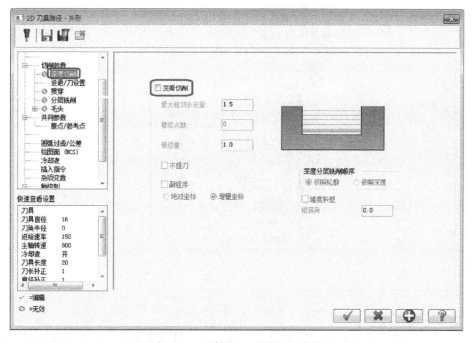

图 6-29　工步（3）深度切削参数

步骤 5.2　在【4-等高外形（2D）】刀具路径中单击【图形-（1）串连】，系统弹出串连管理对话框，选中串连点 1，单击鼠标右键，选择【删除串连】，把串连点 1 删除掉，采用同样方法删除串连 2，如图 6-32 所示。

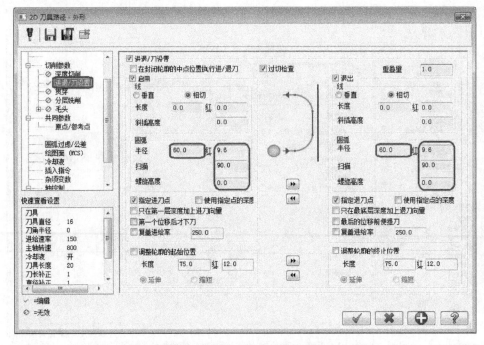

图 6-30　工步（3）进退/刀参数

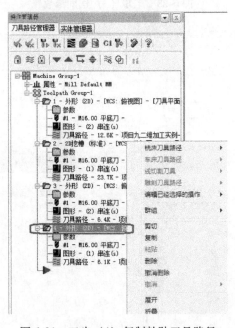

图 6-31　工步（4）复制粘贴刀具路径

步骤 5.3　在串连管理对话框单击鼠标右键，选择【增加串连】，系统弹出串连选项对话框，单击图形中的内腔部分，按确定按钮，增加一串连 3，如图 6-33 所示。

步骤 5.4　单击【4-外形（2D）】刀具路径下的【参数】按钮，系统弹出【2D 刀具路径-等高外形】对话框，单击对话框中的【进退/刀设置】，设置内腔精加工的进退/刀参数，如图 6-34 所示。其余选项与【3-等高外形（2D)】刀具路径设置相同，最后单击确定按钮　✓　。

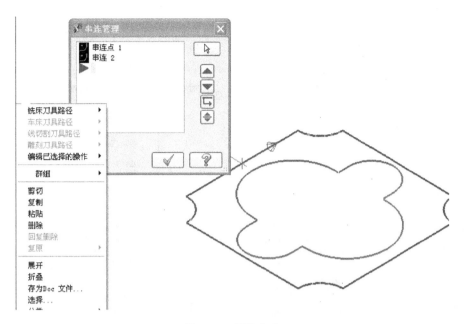

图 6-32　删除串连

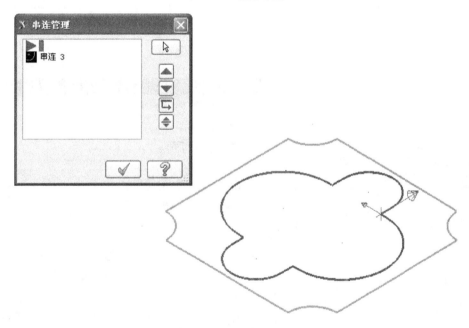

图 6-33　增加串连

步骤 5.5　在刀具路径管理器中单击【重建所有已选择的操作】按钮，重新生成刀具路径，如图 6-35 所示。

步骤 6　设置毛坯尺寸。

在【刀具路径】管理器中单击【属性】→【材料设置】选项，弹出【机床群组属性】对话框，单击【材料设置】标签，打开【材料设置】选项卡，如图 6-36 所示，设置加工毛坯尺寸，单击确定按钮，完成毛坯尺寸的设置。

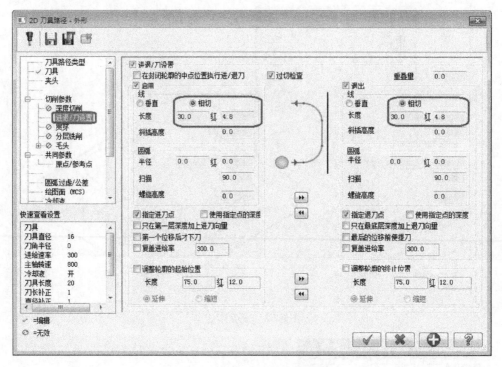

图 6-34　工步（4）进退/刀设置

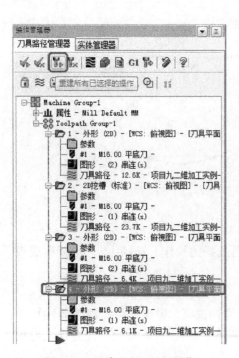

图 6-35　重建所有已选择操作

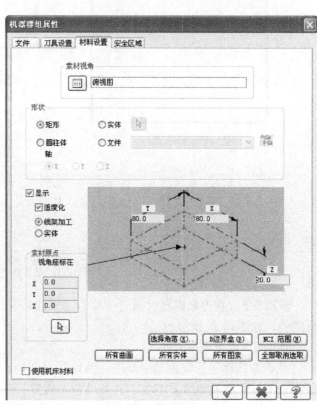

图 6-36　毛坯尺寸设置

步骤7　刀具路径验证。

在【刀具路径】管理器中，单击【选择所有的操作】按钮，系统选中所有的刀具路径，再单击【验证已选择的操作】按钮，系统弹出【验证】对话框，在【验证】对话框中勾选【碰撞停止】选项，再单击【机床】按钮，系统模拟所选择的刀具路径，结果如图6-37所示。

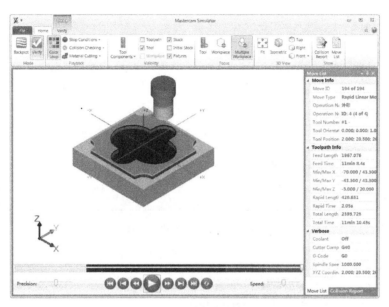

图6-37　刀具路径验证

步骤8　后处理生成程序清单。

步骤8.1　在【刀具路径】管理器中，单击程序后处理按钮【G1】，系统弹出【后处理程式】对话框，完成相应设置，如图6-38所示，单击确定按钮 ✔ ，系统弹出【程序保

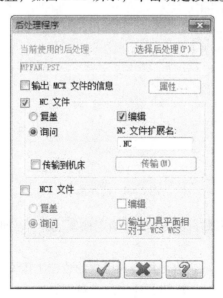

图6-38　后处理程序设置

图 6-39　程序保存路径选择

```
%
O0000(项目九二维加工实例一)
(DATE=DD-MM-YY - 23-09-14 TIME=HH:MM - 14:06)
(MCX FILE - F:\书稿\项目九\项目九二维加工实例一.MCX-7)
(NC FILE - F:\书稿\项目九\NC\项目九二维加工实例一1.NC)
(MATERIAL - ALUMINUM MM - 2024)
( T1 | | H1 | D1 | WEAR COMP | TOOL DIA. - 16. | XY STOCK TO LEAVE - .3 | Z STOCK TO LEAVE - 0. )
N100 G21
N102 G0 G17 G40 G49 G80 G90
N104 T1 M6
N106 G0 G90 G54 X-70. Y0. A0. S600 M3
N108 G43 H1 Z20.
N110 Z10.
N112 G1 Z-1.5 F180.
N114 G41 D1 X-59.3 Y-16.
N116 G3 X-43.3 Y0. I0. J16.
N118 G1 Y25.
N120 G2 X-35. Y33.3 I8.3 J0.
N122 G3 X-33.3 Y35. I0. J1.7
N124 G2 X-25. Y43.3 I8.3 J0.
N126 G1 X25.
N128 G2 X33.3 Y35. I0. J-8.3
N130 G3 X35. Y33.3 I1.7 J0.
N132 G2 X43.3 Y25. I0. J-8.3
N134 G1 Y-25.
N136 G2 X35. Y-33.3 I-8.3 J0.
N138 G3 X33.3 Y-35. I0. J-1.7
N140 G2 X25. Y-43.3 I-8.3 J0.
N142 G1 X-25.
N144 G2 X-33.3 Y-35. I0. J8.3
N146 G3 X-35. Y-33.3 I-1.7 J0.
N148 G2 X-43.3 Y-25. I0. J8.3
N150 G1 Y0.
```

图 6-40　程序清单

存】对话框，用户选择程序保存路径，单击确定按钮，如图 6-39 所示，系统自动弹出程序清单，如图 6-40 所示。

步骤 8.2　生成的程序有些内容可能会和用户的数控机床设置不相同，需要对程序进行修改，例如，本项目程序中的 N106 段程序中间有第四轴指令"A0"，而实习用的数控机床没有第四轴，所以要把程序中所有的"A0"指令删除，否则机床会出现报警。还可以把程序头部括号里的内容删除，因为这部分的内容实际上是不执行的。另外如果使用的数控机床并非加工中心，没有自动换刀功能，就要把换刀指令，例如，本项目程序中的 N104 段"T1 M6"包括程序中所有的换刀指令删除，修改完毕重新保存程序。实际加工过程中可以一个工艺步骤生成一个程序，这样机床在加工第一个工艺步骤同时可以对第二个工艺步骤进行程序编制，从而节省时间。修改好的程序如图 6-41 所示。

```
%
O0000
N100 G21
N102 G0 G17 G40 G49 G80 G90
N104 T1 M6
N106 G0 G90 G54 X-70. Y0. A0. S600 M3
N108 G43 H1 Z20.
N110 Z10.
N112 G1 Z-1.5 F180.
N114 G41 D1 X-59.3 Y-16.
N116 G3 X-43.3 Y0. I0. J16.
N118 G1 Y25.
N120 G2 X-35. Y33.3 I8.3 J0.
N122 G3 X-33.3 Y35. I0. J1.7
N124 G2 X-25. Y43.3 I8.3 J0.
N126 G1 X25.
N128 G2 X33.3 Y35. I0. J-8.3
N130 G3 X35. Y33.3 I1.7 J0.
N132 G2 X43.3 Y25. I0. J-8.3
N134 G1 Y-25.
N136 G2 X35. Y-33.3 I-8.3 J0.
N138 G3 X33.3 Y-35. I0. J-1.7
N140 G2 X25. Y-43.3 I-8.3 J0.
N142 G1 X-25.
```

```
N144 G2 X-33.3 Y-35. I0. J8.3
N146 G3 X-35. Y-33.3 I-1.7 J0.
N148 G2 X-43.3 Y-25. I0. J8.3
N150 G1 Y0.
N152 Y1.
N154 G3 X-59.3 Y17. I-16. J0.
N156 G1 G40 X-70. Y0.
N158 Z-3.
N160 G41 D1 X-59.3 Y-16.
N162 G3 X-43.3 Y0. I0. J16.
N164 G1 Y25.
N166 G2 X-35. Y33.3 I8.3 J0.
N168 G3 X-33.3 Y35. I0. J1.7
N170 G2 X-25. Y43.3 I8.3 J0.
N172 G1 X25.
N174 G2 X33.3 Y35. I0. J-8.3
N176 G3 X35. Y33.3 I1.7 J0.
N178 G2 X43.3 Y25. I0. J-8.3
N180 G1 Y-25.
N182 G2 X35. Y-33.3 I-8.3 J0.
N184 G3 X33.3 Y-35. I0. J-1.7
N186 G2 X25. Y-43.3 I-8.3 J0.
N188 G1 X-25.
```

图 6-41　修改过的程序清单

【任务评价】（表6-1）

表 6-1　项目实施评价表

序号	检测内容与要求	分值	自评（25%）	小组评价（25%）	教师评价（50%）
1	学习态度	5			
2	按要求设置工作环境,如所有图层,并将图素放入相应图层及视角设置等	5			
3	绘制二维轮廓,如图 6-1 所示	5			
4	合理选择铣床	5			
5	合理设置毛坯	5			
6	合理选定刀具	5			
7	选取需要铣削的外轮廓	5			
8	合理选定切削参数及共同参数	5			
9	选取需要挖槽的内轮廓	5			
10	合理选定切削参数	5			
11	会编辑刀具路径	5			
12	验证刀具路径的正确性及生成 NC 程序	5			
13	按指定文件名,上交至规定位置	5			
14	任务实施方案的可行性,完成的速度	10			
15	小组合作与分工	5			
16	学习成果展示与问题回答	10			
17	安全、规范、文明操作	10			
总分		100	合计：		
问题记录和解决方法	实施中出现的问题和采取的解决方法				

【任务描述】

完成零件铣削加工，如图 6-42 所示。

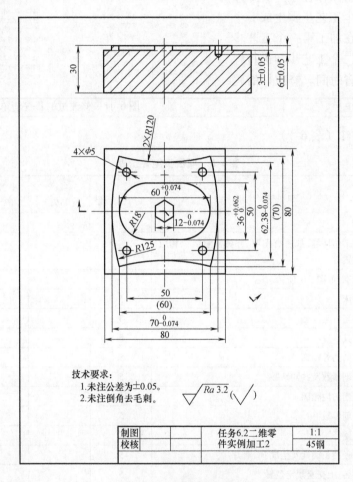

技术要求：
1.未注公差为±0.05。
2.未注倒角去毛刺。

制图		任务6.2二维零	1:1
校核		件实例加工2	45钢

图 6-42　二维零件图

【任务分析】

加工工艺安排：

（1）用 D20 平铣刀对外轮廓进行 2D 外形铣削粗加工。

（2）用 D20 平铣刀对外轮廓进行 2D 外形铣削精加工。

（3）用 D10 平铣刀对内腔及中间六边形进行 2D 挖槽粗加工。

（4）用 D10 平铣刀对六边形进行 2D 外形铣削精加工。

（5）用 D10 平铣刀对圆弧腰形槽进行 2D 外形铣削精加工。

（6）用中心钻对四个孔进行钻中心孔定位。

（7）用 D5 麻花钻对四个孔进行钻孔加工。

【任务实施】

步骤1 根据图纸绘制二维线框。

运行 Mastercam X7 软件，设置构图面为俯视图，视角为俯视图，作图层别为 1，工作深度 $Z = 0$。根据图 6-42 所示零件尺寸绘制二维线框，并绘制两个进刀点，坐标分别为（-60，0）和（16，0），结果如图 6-43 所示。

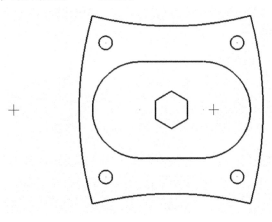

图 6-43 二维线框

步骤2 工步（1）操作步骤。

步骤2.1 单击【刀具路径】下拉菜单，选择【外形铣削】命令，弹出【输入新 NC 名称】对话框，在对话框里输入 NC 程序名称，如图 6-44 所示。

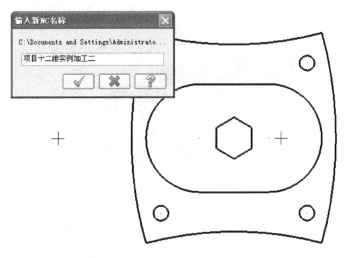

图 6-44 工步（1）输入新 NC 程序名称

步骤2.2 单击确定按钮，系统弹出串连选项对话框，选取左边点及外轮廓，箭头方向为刀具前进的方向，如图 6-45 所示。

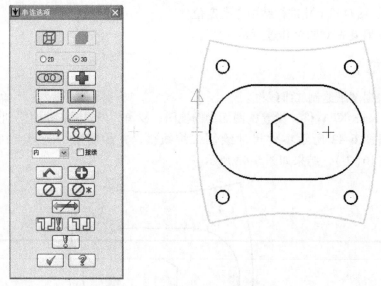

图 6-45　工步（1）选取外形串连

步骤 2.3　单击确定按钮 ![确定]，系统弹出【2D 刀具路径-外形】对话框，该对话框用来选取 2D 加工类型，选取【刀具路径类型】为【等高外形】，如图 6-46 所示。

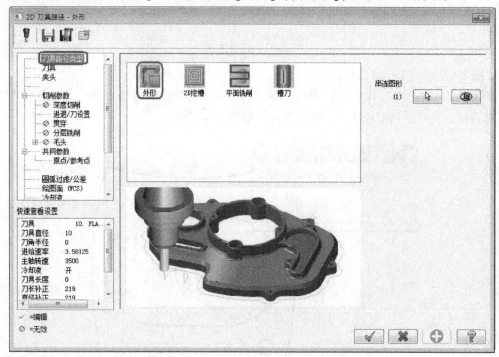

图 6-46　工步（1）等高外形 2D 刀具路径

步骤 2.4　在工步（1）【2D 刀具路径-外形】对话框中单击【刀具】选项，系统弹出【刀具】对话框，此对话框可以设置刀具及相关参数，如图 6-47 所示。

步骤 2.5　在刀具选项卡的空白处（刀具号码下面）单击鼠标右键，在弹出的快捷菜单中选择新建刀具选项，弹出【定义刀具】对话框，如图 6-48 所示。

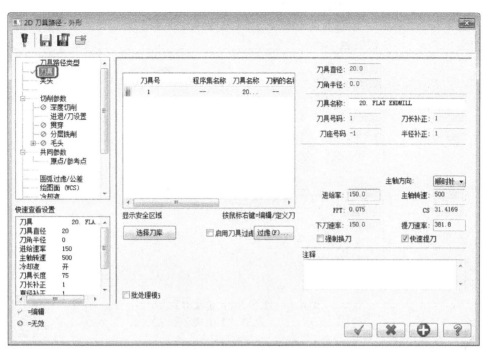

图 6-47 工步（1）刀具参数

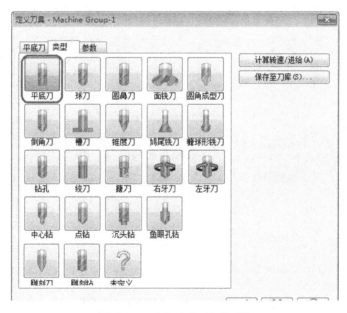

图 6-48 工步（1）新建刀具

步骤 2.6　选取刀具【类型】为【平底刀】，系统弹出【平底刀】选项卡，设置刀具直径为"20"，如图 6-49 所示，单击确定按钮 ，完成设置。

步骤 2.7　在【刀具】选项卡中设置相关参数，如进给速率、主轴转速等，如图 6-50 所示。

步骤 2.8　在工步（1）【2D 刀具路径-外形】对话框中单击【切削参数】选项，系统弹

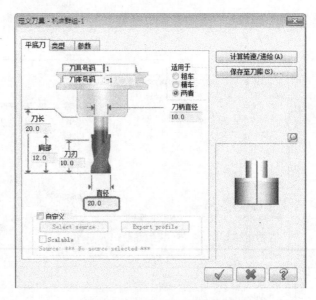

图 6-49　工步（1）定义刀具

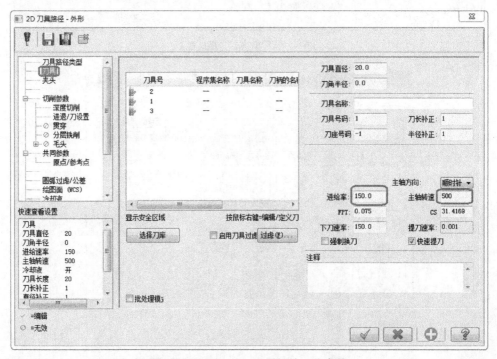

图 6-50　工步（1）设置相关工艺参数

出【切削参数】对话框，该对话框用来设置补正类型、补正方向等切削参数，如图 6-51 所示。

步骤 2.9　在工步（1）【2D 刀具路径-等高外形】对话框中单击【深度切削】选项，系统弹出【深度切削】对话框，该对话框用来设置深度分层、最大粗切步进量等参数，如图 6-52 所示。

步骤 2.10　在工步（1）【2D 刀具路径-外形】对话框中单击【进退/刀设置】选项，系统弹出【进退/刀设置】对话框，该对话框主要用来设置进刀和退刀参数，本例选用【圆

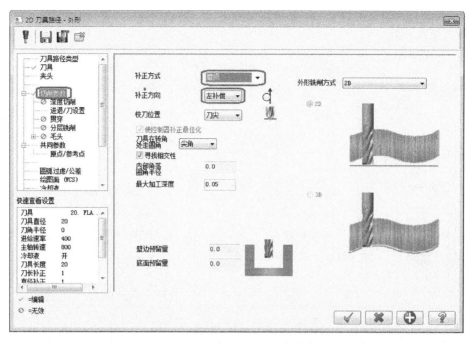

图 6-51 工步（1）切削参数

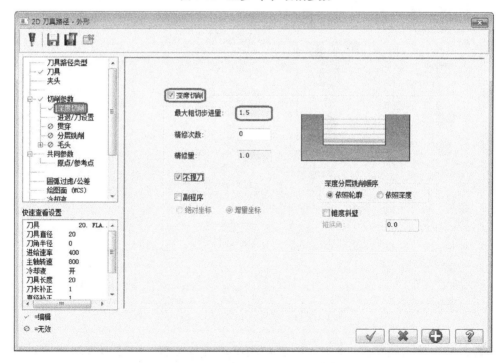

图 6-52 工步（1）深度切削参数

弧切入和圆弧退出】进退刀方式，如图 6-53 所示。

步骤 2.11 在工步（1）【2D 刀具路径-外形】对话框中单击【共同参数】选项，系统弹出【共同参数】对话框，该对话框用来设置 2D 刀具路径共同参数，如安全高度、参考高度、加工深度等，如图 6-54 所示。

机械CAD/CAM（Mastercam）

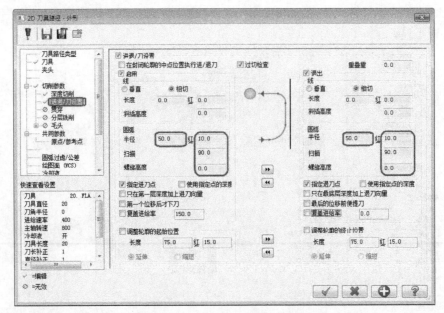

图 6-53　工步（1）进退/刀参数

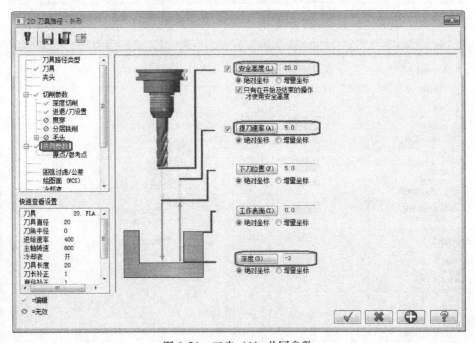

图 6-54　工步（1）共同参数

步骤 2.12　单击确定按钮 ✓，系统根据设置的参数，生成刀具路径，如图 6-55 所示。

步骤 3　工步（2）操作步骤。

步骤 3.1　在刀具路径管理器中选中前面创建的【1-外形（2D）】刀具路径，在旁边空白处单击鼠标右键，选择【复制】，再次单击鼠标右键选择"粘贴"，产生一相同刀具路径【2-等高外形-(2D)】，如图 6-56 所示。

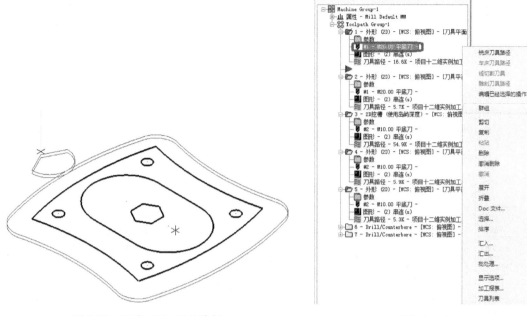

图 6-55 工步（1）刀具路径   图 6-56 复制粘贴工步（1）刀具路径

步骤 3.2 在刀具路径管理器中选中【2-外形-(2D)】刀具路径，单击【参数】选项，系统弹出【2D 刀具路径-等高外形】对话框，选择【刀具】选项，修改相关工艺参数，如图 6-57 所示。

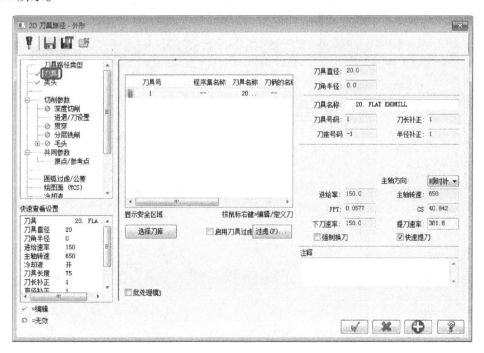

图 6-57 工步（2）设置相关工艺参数

步骤3.3 在工步（2）【2D 刀具路径-外形】对话框中选择【切削参数】选项，系统弹出【切削参数】对话框，设置切削参数，如图6-58所示。

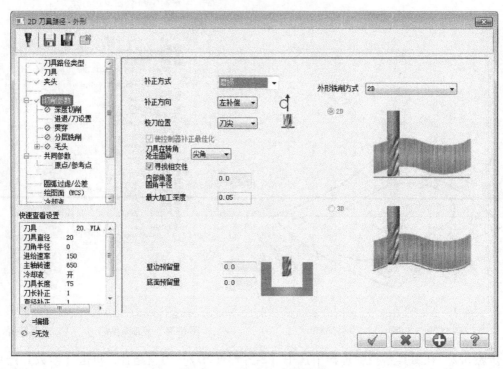

图6-58 工步（2）切削参数

步骤3.4 在工步（2）【2D 刀具路径-外形】对话框单击【深度切削】选项，把【深度切削】选项前面方框里的勾去掉，即深度一次加工，如图6-59所示。

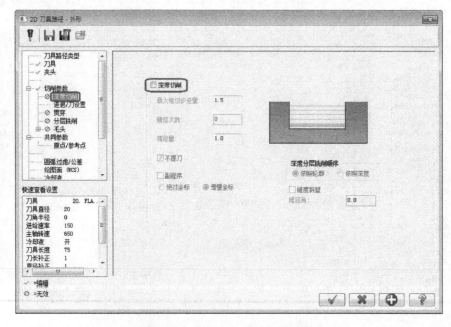

图6-59 工步（2）深度切削参数

步骤3.5 在工步（2）【2D刀具路径-外形】对话框选择【进退/刀设置】选项，设置进退/刀参数，如图6-60所示。

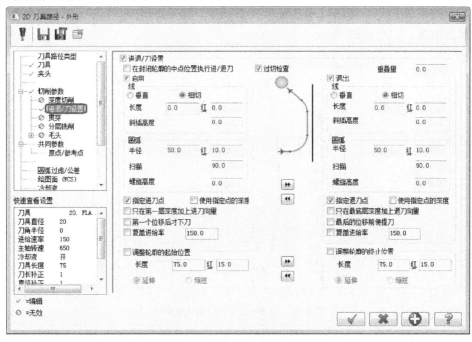

图6-60 工步（2）进退/刀设置

步骤3.6 在工步（2）【2D刀具路径-外形】对话框设置【共同参数】，如图6-61所示，单击确定按钮 ✔ ，生成工步（2）刀具路径，图略。

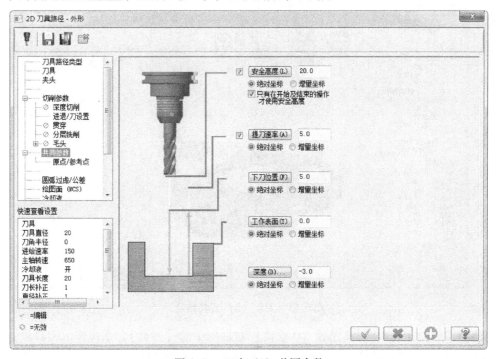

图6-61 工步（2）共同参数

步骤4 工步（3）操作步骤。

步骤4.1 按键盘"Alt＋T"关闭前面工步的刀具路径。单击【刀具路径】下拉菜单，选择【标准挖槽】命令，弹出【串连选项】对话框，选取右边进刀点、腰形槽内腔及中间六边形孤岛串连，如图6-62所示。

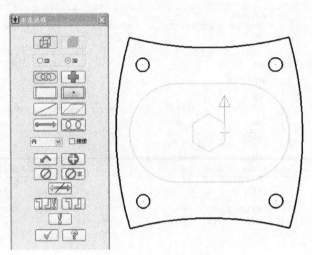

图6-62 工步（3）选取内腔串连

步骤4.2 系统弹出【2D刀具路径-2D挖槽】对话框，该对话框用来选取2D加工类型，选取【刀具路径类型】为【2D挖槽】，如图6-63所示。

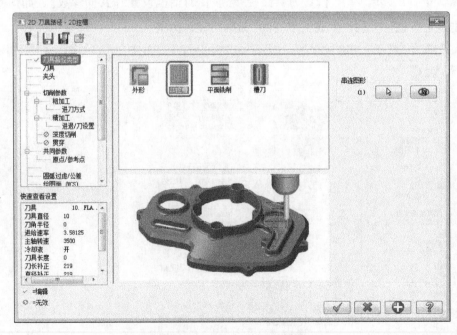

图6-63 工步（3）刀具路径

步骤4.3 单击【2D刀具路径-2D挖槽】对话框中的【刀具】，系统弹出刀具设置对话框，并在【刀具】参数选项卡的空白处单击鼠标右键，在弹出的快捷菜单中选择【创建新刀具】选项，如图 6-64 所示，此时系统弹出【定义刀具】对话框，如图 6-65 所示，选取刀具类型为【平底刀】，系统弹出【平底刀】选项卡，在【直径】处输入刀具直径 "10"，单击确定按钮 ✓，如图 6-66 所示。

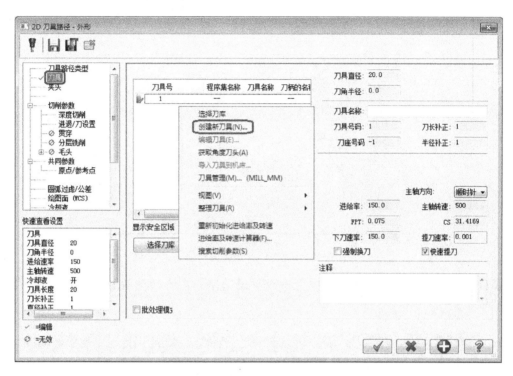

图 6-64　工步（3）新建刀具

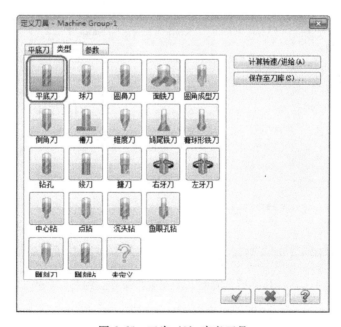

图 6-65　工步（3）定义刀具

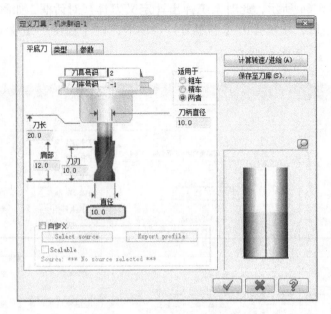

图 6-66　工步（3）设置刀具参数

步骤 4.4　在【刀具】参数选项卡中设置进给率、主轴转速等相关参数，如图 6-67 所示。

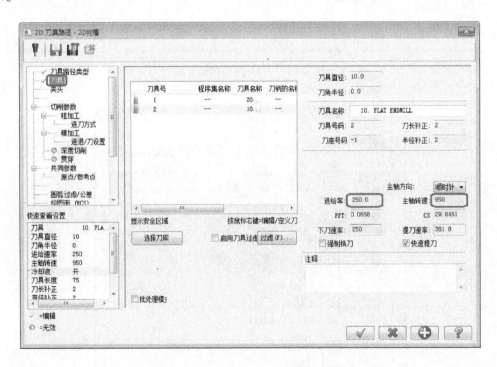

图 6-67　工步（3）设置相关工艺参数

步骤 4.5　在工步（3）【2D 刀具路径-2D 挖槽】对话框选取【切削参数】，系统弹出 【切削参数】对话框，设置相关切削参数，如图 6-68 所示。

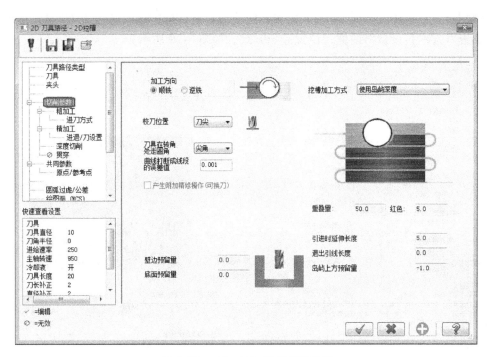

图 6-68 工步（3）挖槽切削参数

步骤 4.6 在工步（3）【2D 刀具路径-2D 挖槽】对话框中选取【粗加工】，系统弹出【粗加工】设置对话框，这里选取平行环切加工方式，由内向外切削，如图 6-69 所示。

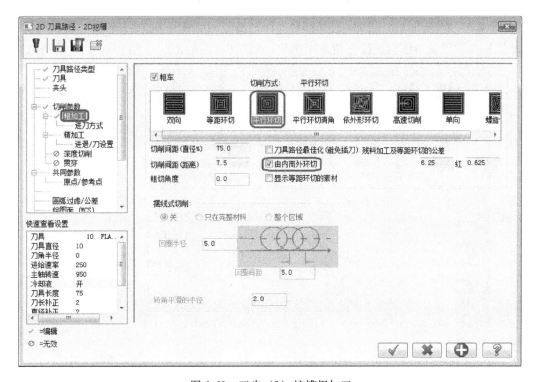

图 6-69 工步（3）挖槽粗加工

步骤4.7 在工步（3）【2D刀具路径-2D挖槽】对话框中选取【进刀方式】，系统弹出【粗加工进刀方式】设置对话框，设置进刀方式，如图6-70所示。

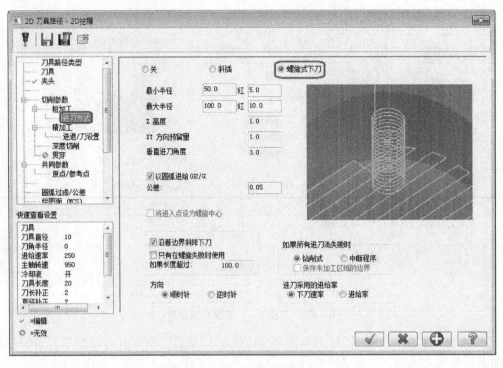

图6-70　挖槽粗加工进刀方式

步骤4.8 在工步（3）【2D刀具路径-2D挖槽】对话框中选取【精加工】，系统弹出【精加工】参数设置对话框，设置精加工参数，如图6-71所示。

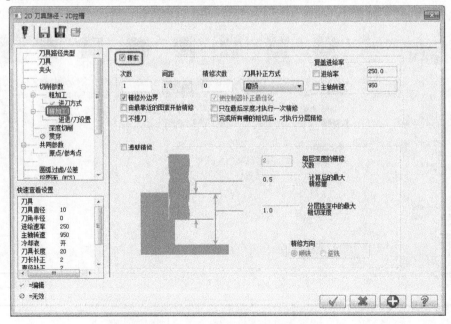

图6-71　工步（3）挖槽精加工参数设置

步骤4.9 在工步（3）【2D刀具路径-2D挖槽】对话框中选取【进退/刀设置】，系统弹出刀具【进退/刀设置】对话框，设置进退刀参数，如图6-72所示。

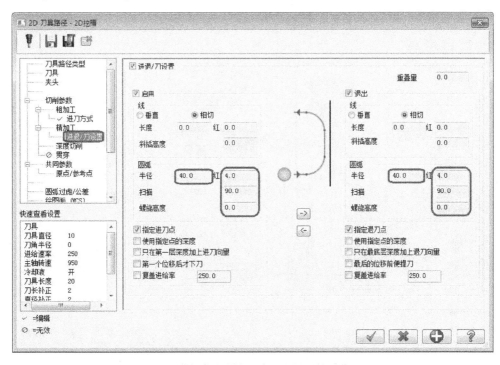

图6-72 工步（3）挖槽进退/刀设置

步骤4.10 在工步（3）【2D刀具路径-2D挖槽】对话框中选取【深度切削】，系统弹出【深度切削】参数设置对话框，设置深度切削参数，如图6-73所示。

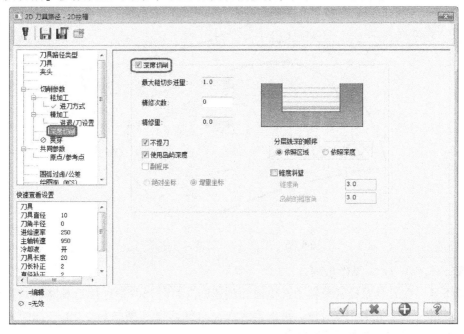

图6-73 工步（3）挖槽深度切削参数

步骤4.11 工步（3）在【2D刀具路径-2D挖槽】对话框中选取【共同参数】，系统弹出【共同参数】设置对话框，设置相关参数，如图6-74所示。

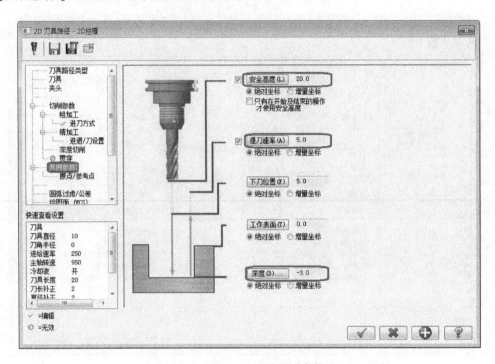

图6-74 工步（3）挖槽共同参数设置

步骤4.12 单击确定按钮 ，系统根据设置的参数，生成挖槽刀具路径，如图6-75所示。

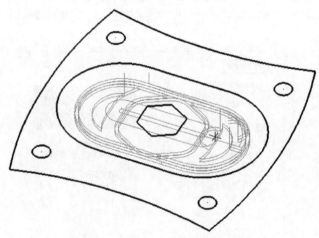

图6-75 工步（3）挖槽刀具路径

步骤5 工步（4）操作步骤。

步骤5.1 在刀具路径管理器中选中前面创建的【1-外形（2D）】刀具路径，在旁边空白处单击鼠标右键，选择【复制】，再次单击鼠标右键选择【粘贴】，产生一相同刀具路径【4-等高外形-(2D)】，如图6-76所示。

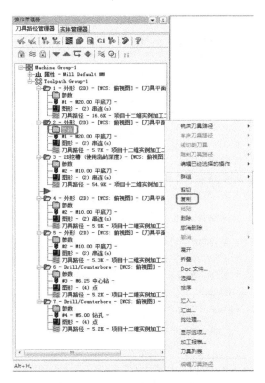

图 6-76　工步（4）复制粘贴刀具路径

步骤 5.2　在【4-外形（2D）】刀具路径中单击【图形-（1）串连】，系统弹出串连管理对话框，选中串连点 1，单击鼠标右键，选择【删除串连】，把串连点 1 删除掉，采用同样方法删除串连 2，如图 6-77 所示。

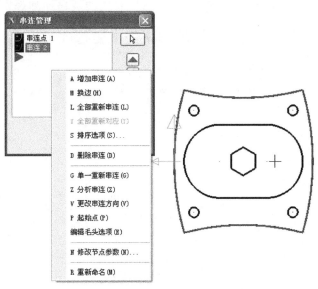

图 6-77　工步（4）删除串连

步骤 5.3　在串连管理对话框右击鼠标，选择【增加串连】，系统弹出串连选项对话框，单击图形中六边形右侧的点及六边形，单击确定按钮，增加一串连点 3 和串连 4，如

图 6-78 所示。

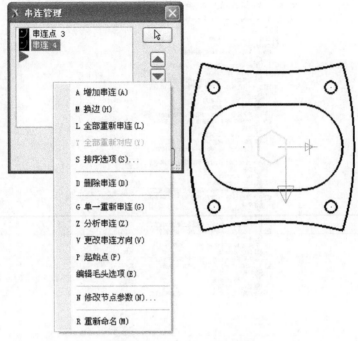

图 6-78　工步（4）增加串连

步骤 5.4　在刀具路径管理器中选中【4-外形-(2D)】刀具路径，单击参数选项，系统弹出【2D 刀具路径-外形】对话框，选择【刀具】选项，修改相关工艺参数，如图 6-79 所示。

步骤 5.5　在工步（4）【2D 刀具路径-外形】对话框选择切削参数选项，设置切削参

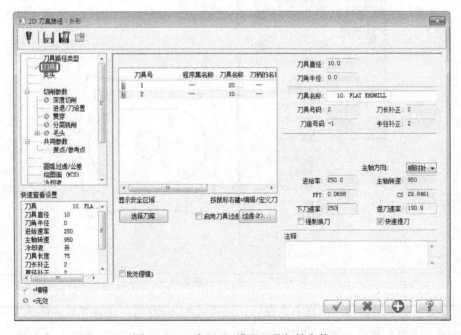

图 6-79　工步（4）设置刀具相关参数

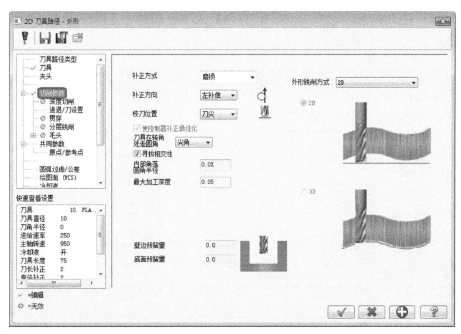

图 6-80　工步（4）切削参数

数，如图 6-80 所示。

　　步骤5.6　在工步（4）【2D 刀具路径-外形】对话框单击【深度切削】，取消勾选【深度切削】选项，即深度一次加工，如图 6-81 所示。

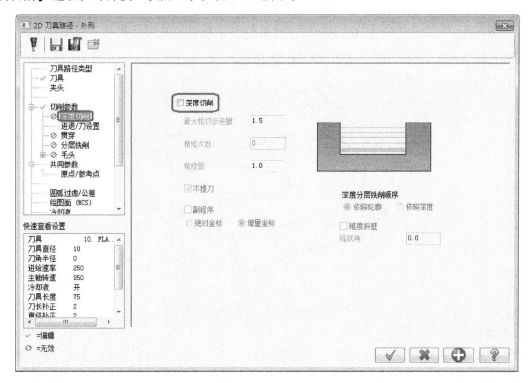

图 6-81　工步（4）深度切削参数

步骤 5.7 在工步（4）【2D 刀具路径-外形】对话框选择【进退/刀设置】选项，设置进退/刀参数，如图 6-82 所示。

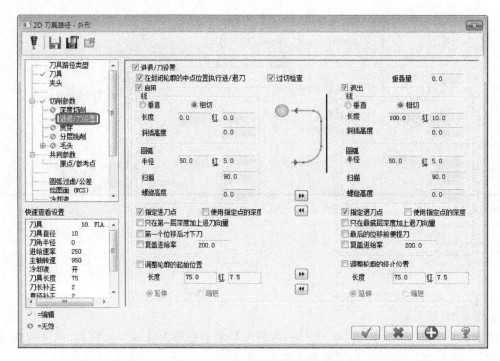

图 6-82　工步（4）进退/刀设置

步骤 5.8 在工步（4）【2D 刀具路径-外形】对话框设置共同参数与前面粗加工相同，单击确定按钮 ，生成刀具路径如图 6-83 所示。

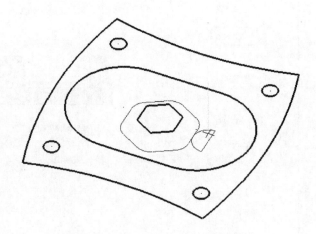

图 6-83　工步（4）生成刀具路径

步骤 6 工步（5）操作步骤。

步骤 6.1 在刀具路径管理器中选中前面创建的【4-外形（2D）】刀具路径，在旁边空白处单击鼠标右键，选择【复制】，再次单击鼠标右键选择【粘贴】，产生一相同刀具路径【5-外形-（2D）】，如图 6-84 所示。

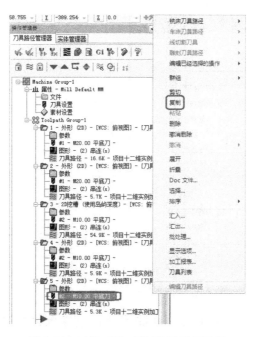

图6-84　工步（5）复制粘贴刀具路径

步骤6.2　在【5-外形（2D）】刀具路径中单击【图形-(1) 串连】，系统弹出串连管理对话框，选中串连点3，单击鼠标右键，选择【删除串连】，把串连点3删除掉，采用同样方法删除串连4，如图6-85所示。

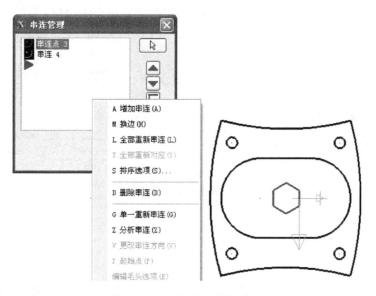

图6-85　工步（5）删除串连

步骤6.3　在串连管理对话框单击鼠标右键，选择【增加串连】，系统弹出串连选项对话框，单击图形中六边形右侧的点及腰形槽，单击确定按钮，增加一串连点5和串连6，如图6-86所示。

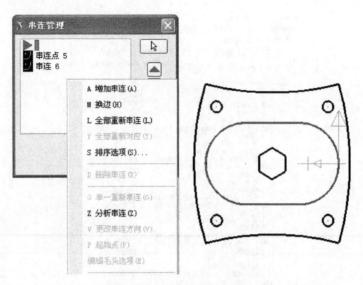

图 6-86　工步（5）增加串连

步骤 6.4　单击【5-外形（2D）】刀具路径下的【参数】按钮，系统弹出【2D 刀具路径-外形】对话框，设置各选项参数与【4-外形（2D）】刀具路径设置相同，如图 6-87 所示，单击确定按钮 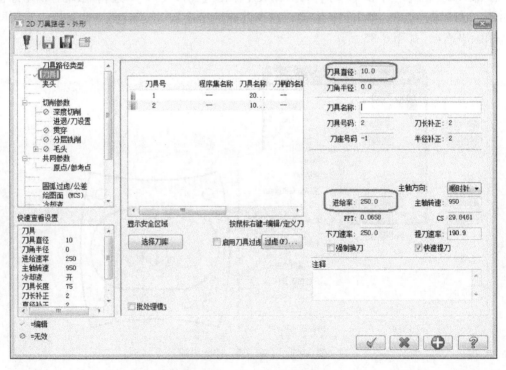 。

图 6-87　工步（5）参数设置

步骤 6.5　在刀具路径管理器中单击【重建所有已选择的操作】按钮，生成工步（5）刀具路径，如图 6-88 所示。

步骤7 工步（6）操作步骤。

步骤7.1 单击【刀具路径】下拉菜单，选择【钻孔】命令，系统弹出【选取钻孔的点】对话框，选中四个孔的圆心点，如图6-89所示。

步骤7.2 单击确定按钮 ，系统弹出【2D刀具路径-钻孔】对话框，选择刀具路径类型为【钻孔】，如图6-90所示。

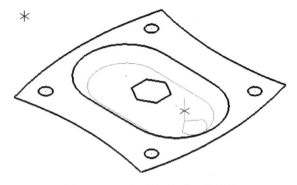

图6-88 工步（5）生成刀具路径

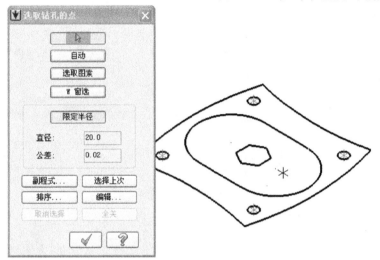

图6-89 工步（6）选取钻孔的点

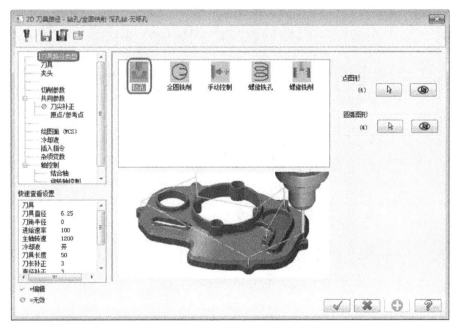

图6-90 工步（6）刀具路径类型

步骤7.3 在工步（6）【2D刀具路径-钻孔】对话框中选择【刀具】，系统弹出【刀具设置】对话框，并在【刀具】参数选项卡的空白处单击鼠标右键，在弹出的菜单中选择【创建新刀具】选项，如图6-91所示，此时系统弹出【定义刀具】对话框，如图6-92所示，选取刀具类型为【中心钻】，系统弹出【中心钻】选项卡，单击确定按钮 ，如图6-93所示。

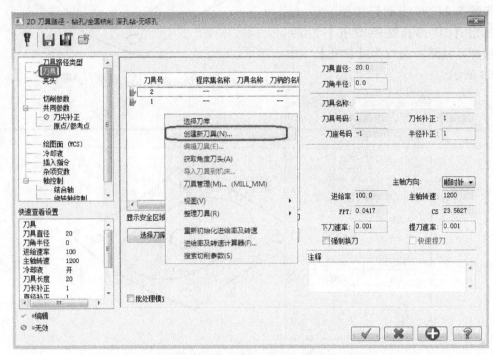

图6-91 工步（6）刀具参数

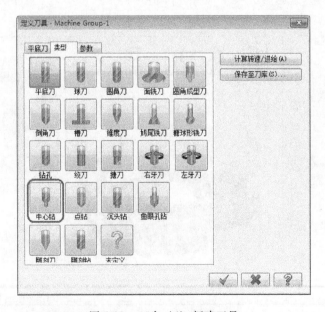

图6-92 工步（6）新建刀具

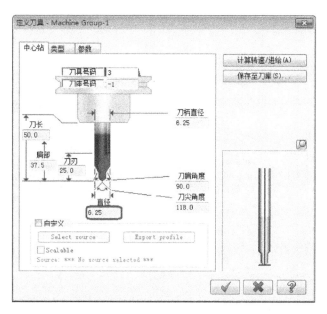

图 6-93　工步（6）定义刀具

步骤7.4　在【刀具】参数选项卡中设置进给率、主轴转速等相关工艺参数，如图6-94所示。

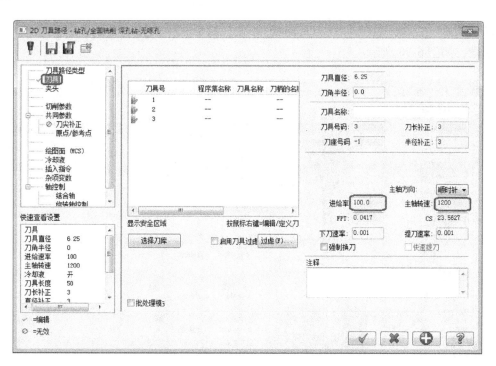

图 6-94　工步（6）设置相关工艺参数

步骤7.5　在工步（6）【2D 刀具路径-钻孔】对话框选择【切削参数】选项，设置切削参数，如图6-95 所示。

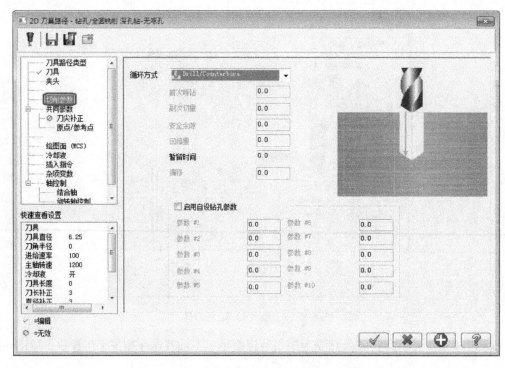

图 6-95　工步（6）切削参数

步骤 7.6　在工步（6）【2D 刀具路径-钻孔】对话框中选择【共同参数】选项，设置共同参数，如图 6-96 所示。

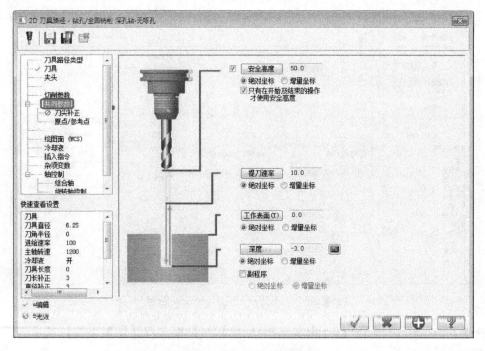

图 6-96　工步（6）共同参数

步骤 7.7 单击确定按钮 ，生成钻中心孔刀具路径，如图 6-97 所示。

步骤 8 工步（7）操作步骤。

步骤 8.1 在刀具路径管理器中选中前面创建的【6-Drill/Counterbore】即工步 6 钻中心孔刀具路径，在旁边空白处单击鼠标右键，选择【复制】，再次单击鼠标右键选择【粘贴】，产生一相同刀具路径【7-Drill/Counterbore】，如图 6-98 所示。

步骤 8.2 单击【7-Drill/Counterbore】中的【参数】，系统弹出【2D 刀具路径-钻孔】对话框，单击对话框中的【刀具】选项，系统弹出刀具参数设置对话框，并在【刀具】参数选项卡的空白处右击鼠标，在弹出的菜单中选择【创建新刀具】，选项，如图 6-99 所示，此时系统弹出【定义刀具】对话框，如图 6-100 所示，选取刀具类型为【钻孔】，系统弹出【钻孔】刀具选项卡，在【直径】文本框里输入麻花钻直径"5"，单击确定按钮 ，如图 6-101 所示。

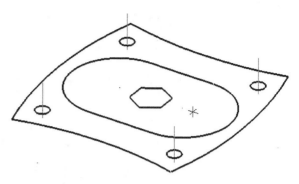

图 6-97 工步（6）生成刀具路径

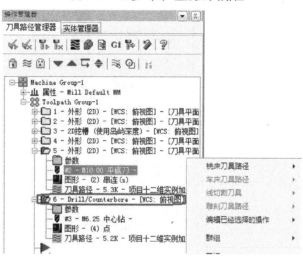

图 6-98 工步（7）复制粘贴刀具路径

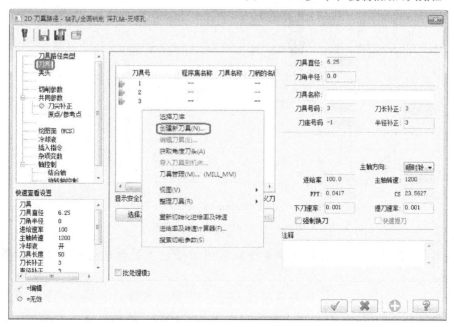

图 6-99 工步（7）刀具参数

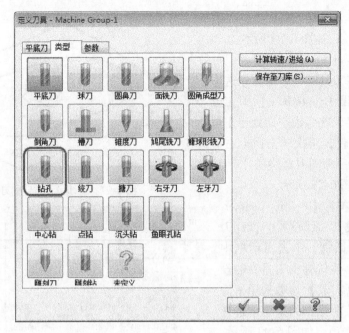

图 6-100　工步（7）新建刀具

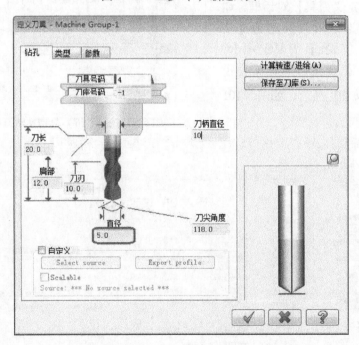

图 6-101　工步（7）定义刀具

步骤 8.3　在【刀具】参数选项卡中设置进给率、主轴转速等相关工艺参数，如图 6-102所示。

步骤 8.4　在工步（7）【2D 刀具路径-钻孔】对话框选择【共同参数】选项，系统弹出【共同参数】对话框，在深度文本框里输入深度" -6"，该值是钻尖处的深度，由于加工孔为不通孔，要保证孔的有效深度" -6mm"，必需考虑钻尖部分的距离，单击【深度】

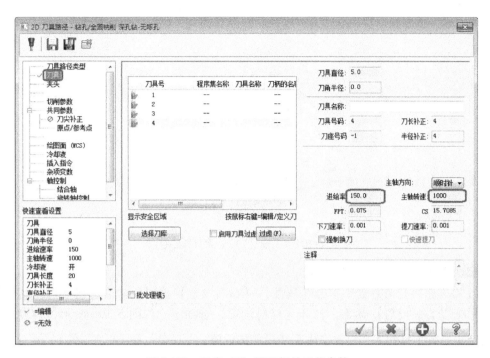

图 6-102　工步（7）设置相关工艺参数

按钮右边的"计算器"图标，系统弹出【深度的计算】对话框，系统会根据用户输入的【刀具直径】及【刀具尖部包含的角度】自动计算钻尖部分的距离，单击【增加深度】会把计算出来的深度自动补偿到钻孔深度里，如图 6-103 所示。

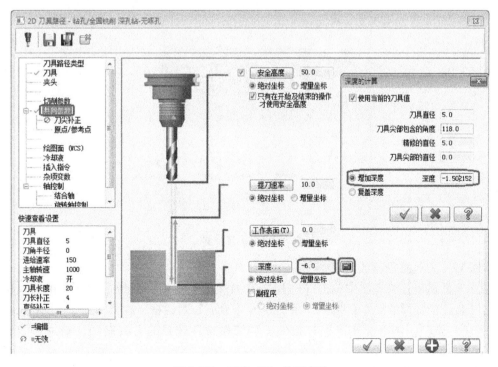

图 6-103　工步（7）共同参数

步骤8.5　单击确定按钮 ✔️，生成钻孔刀具路径，如图 6-104 所示。

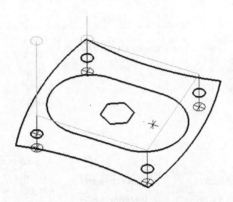

图 6-104　工步（7）生成刀具路径

步骤9　设置毛坯尺寸。

在【刀具路径】管理器中单击【属性】→【材料设置】选项，弹出【机床群组属性】对话框，单击【材料设置】标签，打开【材料设置】选项卡，如图 6-105 所示，设置加工毛坯尺寸，单击确定按钮 ✔️，完成毛坯尺寸的设置。

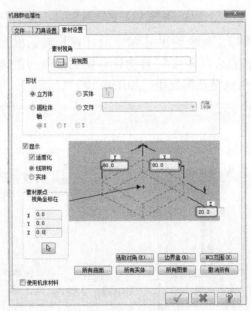

图 6-105　毛坯设置

步骤10　刀具路径验证。

在【刀具路径】管理器中单击【选择所有的操作】按钮，系统选中所有的刀具路径，再单击【验证已选择的操作】按钮，系统弹出【验证】对话框，在【验证】对话框中勾选【碰撞停止】选项，再单击【机床】按钮，系统模拟所选择的刀具路径，结果如图 6-106 所示。

步骤11　后处理生成程序清单。

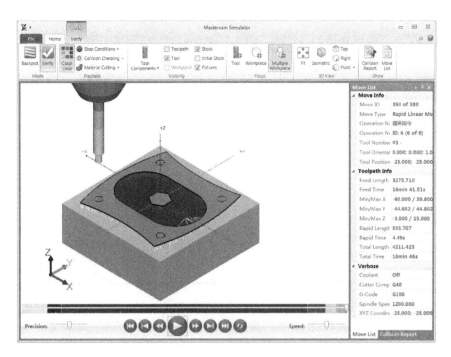

图 6-106　刀具路径验证

步骤 11.1　在【刀具路径】管理器中，选中某一刀具路径，本项目以工步 2 外形精加工为例，单击程序后处理按钮【G1】，系统弹出【后处理程式】对话框，完成相应设置，如图 6-107 所示，单击确定按钮，系统弹出输出部分的 NCI 文件提示信息，单击【否】表示仅输出所选择刀具路径的 NCI 文件；如果单击【是】，表示输出全部刀具路径的 NCI 文件，如图6-108所示。系统弹出【程序保存】对话框，用户选择程序保存路径，单击确定按钮，如图 6-109 所示。系统自动弹出程序清单，如图 6-110 所示。

图 6-107　后处理程序设置

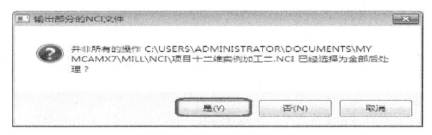

图 6-108　输出部分的 NCI 文件

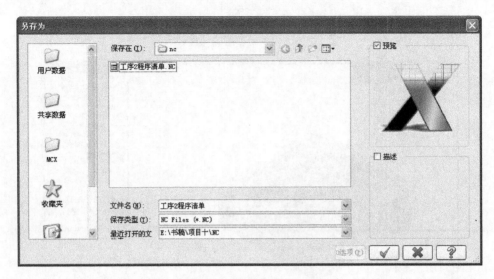

图 6-109　程序保存路径

```
%
O0000(项目十二维实例加工二)
(DATE=DD-MM-YY - 24-09-14 TIME=HH:MM - 20:43)
(MCX FILE - F:\书稿\项目十\项目十二维实例加工二.MCX-7)
(NC FILE - C:\USERS\ADMINISTRATOR\DOCUMENTS\MY MCAMX7\MILL\NC\项目十二维实例加工二.NC)
(MATERIAL - ALUMINUM MM - 2024)
( T1 | | M1 | D1 | WEAR COMP | TOOL DIA. - 20. )
( T2 | | M2 )
( T3 | | M3 )
N100 G21
N102 G0 G17 G40 G49 G80 G90
N104 T1 M6
N106 G0 G90 G54 X-60. Y0. A0. S500 M3
N108 G43 H1 Z20.
N110 Z5.
N112 G1 Z-1.5 F150.
N114 G41 D1 X-55. Y-10.
N116 G3 X-45. Y0. I0. J10.
N118 G2 X-39.6 Y37.8 I135. J0.
N120 X-30. Y45. I9.6 J-2.8
N122 X-27.5 Y44.682 I0. J-10.
N124 G3 X0. Y41.189 I27.5 J106.508
N126 X27.5 Y44.682 I0. J110.001
N128 G2 X30. Y45. I2.5 J-9.682
N130 X39.6 Y37.8 I0. J-10.
N132 X45. Y0. I-129.6 J-37.8
N134 X39.6 Y-37.8 I-135. J0.
N136 X30. Y-45. I-9.6 J2.8
N138 X27.5 Y-44.682 I0. J10.
N140 G3 X0. Y-41.189 I-27.5 J-106.508
N142 X-27.5 Y-44.682 I0. J-110.001
N144 G2 X-30. Y-45. I-2.5 J9.682
N146 X-39.6 Y-37.8 I0. J10.
N148 X-45. Y0. I129.6 J37.8
N150 G3 X-55. Y10. I-10. J0.
N152 G1 G40 X-60. Y0.
N154 Z-3.
N156 G41 D1 X-55. Y-10.
N158 G3 X-45. Y0. I0. J10.
N160 G2 X-39.6 Y37.8 I135. J0.
N162 X-30. Y45. I9.6 J-2.8
N164 X-27.5 Y44.682 I0. J-10.
N166 G3 X0. Y41.189 I27.5 J106.508
N168 X27.5 Y44.682 I0. J110.001
N170 G2 X30. Y45. I2.5 J-9.682
N172 X39.6 Y37.8 I0. J-10.
N174 X45. Y0. I-129.6 J-37.8
N176 X39.6 Y-37.8 I-135. J0.
```

图 6-110　程序清单

步骤 11.2　对自动生成的程序进行部分修改，修改后的程序如图 6-111 所示，其余刀具路径按上述方法完成。

```
%                              N144 G2 X-30. Y-45. I-2.5 J9.682
O0000                          N146 X-39.6 Y-37.8 I0. J10.
N100 G21                       N148 X-45. Y0. I129.6 J37.8
N102 G0 G17 G40 G49 G80 G90    N150 G3 X-55. Y10. I-10. J0.
N104 T1 M6                     N152 G1 G40 X-60. Y0.
N106 G0 G90 G54 X-60. Y0.    S500 M3   N154 Z-3.
N108 G43 H1 Z20.               N156 G41 D1 X-55. Y-10.
N110 Z5.                       N158 G3 X-45. Y0. I0. J10.
N112 G1 Z-1.5 F150.            N160 G2 X-39.6 Y37.8 I135. J0.
N114 G41 D1 X-55. Y-10.        N162 X-30. Y45. I9.6 J-2.8
N116 G3 X-45. Y0. I0. J10.     N164 X-27.5 Y44.682 I0. J-10.
N118 G2 X-39.6 Y37.8 I135. J0. N166 G3 X0. Y41.189 I27.5 J106.508
N120 X-30. Y45. I9.6 J-2.8     N168 X27.5 Y44.682 I0. J110.001
N122 X-27.5 Y44.682 I0. J-10.  N170 G2 X30. Y45. I2.5 J-9.682
N124 G3 X0. Y41.189 I27.5 J106.508  N172 X39.6 Y37.8 I0. J10.
N126 X27.5 Y44.682 I0. J110.001  N174 X45. Y0. I-129.6 J-37.8
N128 G2 X30. Y45. I2.5 J-9.682  N176 X39.6 Y-37.8 I-135. J0.
N130 X39.6 Y37.8 I0. J-10.     N178 X30. Y-45. I-9.6 J2.8
N132 X45. Y0. I-129.6 J-37.8   N180 X27.5 Y-44.682 I0. J10.
N134 X39.6 Y-37.8 I-135. J0.   N182 G3 X0. Y-41.189 I-27.5 J-106.508
N136 X30. Y-45. I-9.6 J2.8     N184 X-27.5 Y-44.682 I0. J-110.001
N138 X27.5 Y-44.682 I0. J10.   N186 G2 X-30. Y-45. I-2.5 J9.682
N140 G3 X0. Y-41.189 I-27.5 J-106.508  N188 X-39.6 Y-37.8 I0. J10.
N142 X-27.5 Y-44.682 I0. J-110.001
```

图 6-111 修改后的程序清单

【任务评价】(表 6-2)

表 6-2 项目实施评价表

序号	检测内容与要求	分值	自评 (25%)	小组评价 (25%)	教师评价 (50%)
1	学习态度	5			
2	按要求设置工作环境,如所有图层,并将图素放入相应图层及视角设置等	5			
3	绘制二维轮廓,如图 6-42 所示	5			
4	合理选择铣床及毛坯	5			
5	合理选定刀具	5			
6	合理选定切削参数及共同参数	5			
7	完成外轮廓粗、精加工	5			
8	完成内轮廓及六边形粗、精加工	5			
9	对圆弧腰形槽进行外形铣削精加工	5			
10	4 个角上的孔定位及钻孔加工	5			
11	会编辑刀具路径	5			
12	验证刀具路径的正确性及生成 NC 程序	5			
13	按指定文件名,上交至规定位置	5			
14	任务实施方案的可行性,完成的速度	10			
15	小组合作与分工	5			
16	学习成果展示与问题回答	10			
17	安全、规范、文明操作	10			
	总分	100	合计:		
问题记录和解决方法	实施中出现的问题和采取的解决方法				

任务3　高级工综合应用实例

【任务描述】

完成零件铣削加工，如图6-112所示。

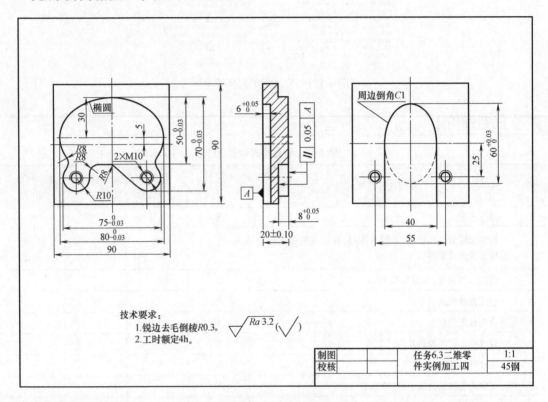

技术要求:
　1. 锐边去毛倒棱R0.3。
　2. 工时额定4h。

制图		任务6.3二维零	1:1
校核		件实例加工四	45钢

图6-112　二维零件图

【任务分析】

加工工艺安排:

（1）用D100面铣刀对零件反面进行平面铣削加工。

（2）用D14平铣刀对零件反面开放槽进行2D挖槽粗加工。

（3）用D14平铣刀对零件反面开放槽进行2D外形精加工。

（4）用D25倒角刀对零件反面开放槽进行倒角加工。

（5）用D100端铣刀对零件正面进行平面铣削加工，保证零件厚度。

（6）用D14平铣刀对零件正面外轮廓进行2D外形粗加工。

（7）用D14平铣刀对零件正面外轮廓进行2D外形精加工。

（8）用中心钻对正面两个孔进行钻中心孔定位。

（9）用D8.5麻花钻对正面两个孔进行钻孔加工。

（10）用M10丝锥对正面两个孔进行攻螺纹加工。

【任务实施】

步骤1 根据图纸绘制二维线框。

步骤1.1 运行 Mastercam X7 软件，设置构图面为俯视图，视角为俯视图，作图层别为 1，工作深度 $Z = 0$。根据图 6-112 所示零件尺寸绘制反面二维线框，并绘制进刀点，坐标为（0，−55），保存文件，命名为"零件反面二维线框"，如图 6-113 所示。

步骤1.2 根据零件尺寸绘制正面二维线框，并绘制进刀点，坐标为（−60，5），保存文件，命名为"零件正面二维线框"，如图 6-114 所示。

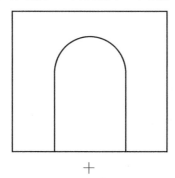

图 6-113 零件反面二维线框

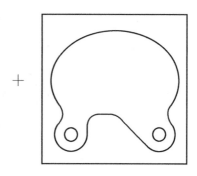

图 6-114 零件正面二维线框

步骤2 工步（1）操作步骤。

步骤2.1 运行"零件反面二维线框"文件，单击【刀具路径】下拉菜单，选择【平面铣】命令，弹出【输入新 NC 名称】对话框，在对话框里输入 NC 程序名称，如图 6-115 所示。

步骤2.2 单击确定按钮 ，系统弹出串连选项对话框，选取正方形外轮廓，如图 6-116 所示。

图 6-115 零件反面输入新 NC 程序名称

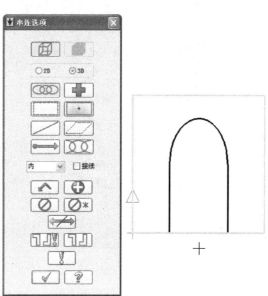

图 6-116 工步（1）选取串连

步骤 2.3 单击确定按钮 ，系统弹出【2D 刀具路径-平面铣削】对话框，该对话框用来选取 2D 加工类型，选取【刀具路径类型】为【平面铣削】，如图 6-117 所示。

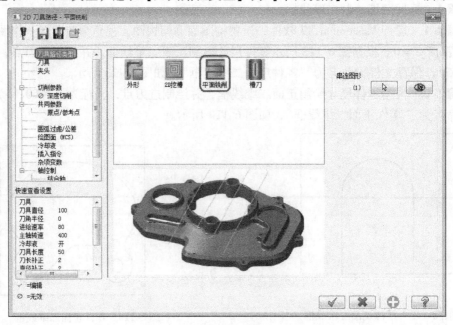

图 6-117 工步（1）平面铣削刀具路径

步骤 2.4 在工步（1）【2D 刀具路径-平面铣削】对话框中单击【刀具】选项，屏幕弹出【刀具】对话框，此对话框可以设置刀具及相关参数，如图 6-118 所示。

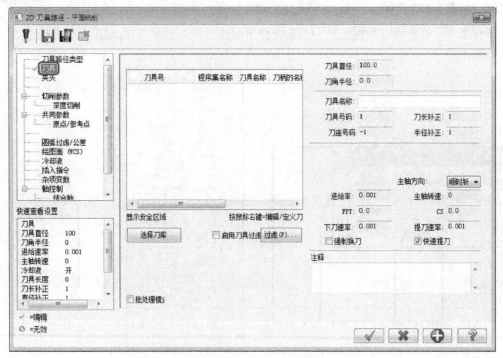

图 6-118 工步（1）刀具参数

步骤2.5　在刀具选项卡的空白处单击鼠标右键，在弹出的快捷菜单中选择创建新刀具选项，弹出【定义刀具】对话框，如图6-119所示。

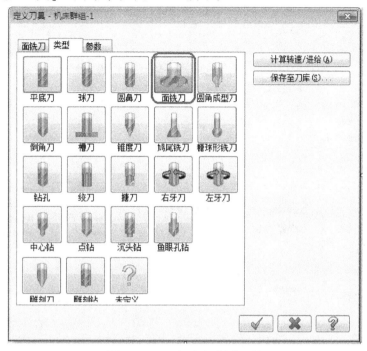

图6-119　工步（1）新建刀具

步骤2.6　选取【刀具类型】为【面铣刀】，系统弹出【面铣刀】选项卡，设置刀具直径为"100"，如图6-120所示，单击确定按钮，完成设置。

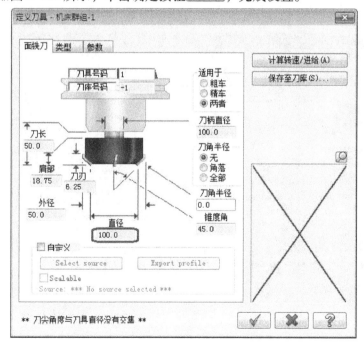

图6-120　工步（1）定义刀具

步骤 2.7 在【刀具参数】选项卡中设置相关参数，如进给速率、主轴转速等，如图6-121所示。

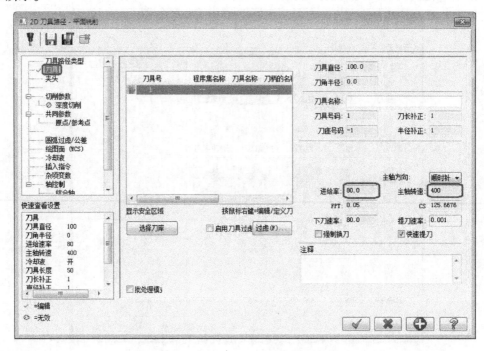

图6-121　工步（1）设置相关工艺参数

步骤 2.8 在工步（1）【2D 刀具路径-平面铣削】对话框中单击【切削参数】选项，系统弹出【切削参数】对话框，该对话框用来设置补正方式、补正方向等切削参数，如图6-122所示。

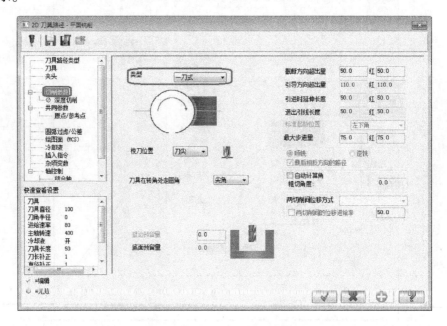

图6-122　工步（1）切削参数

步骤2.9　在工步（1）【2D刀具路径-平面铣削】对话框中单击【共同参数】选项，系统弹出【共同参数】对话框，该对话框用来设置2D刀具路径共同参数，如安全高度、参考高度、加工深度等，如图6-123所示。

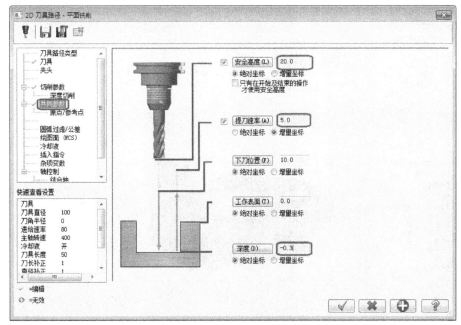

图6-123　工步（1）共同参数

步骤2.10　单击确定按钮　✓　，系统根据设置的参数，生成刀具路径，如图6-124所示。

步骤3　工步（2）操作步骤。

步骤3.1　单击【刀具路径】下拉菜单，选择【2D挖槽】命令，弹出【选取串连】对话框，选取进刀点及开放槽，如图6-125所示。

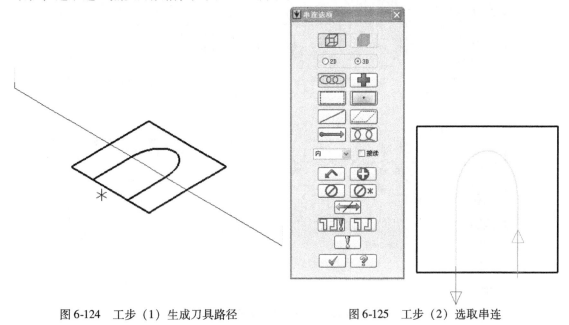

图6-124　工步（1）生成刀具路径　　　　　　图6-125　工步（2）选取串连

步骤3.2 单击确定按钮 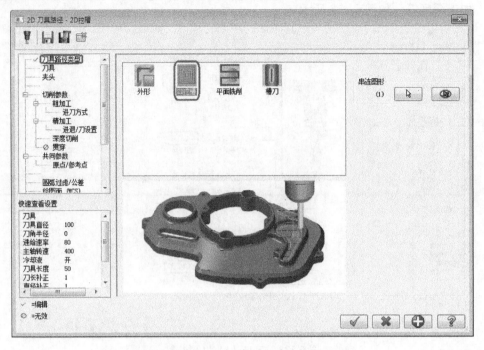，系统弹出【2D 刀具路径-2D 挖槽】对话框，该对话框用来选取 2D 加工类型，选取【刀具路径类型】为【2D 挖槽】，如图 6-126 所示。

图 6-126　工步（2）设置相关工艺参数

步骤3.3 在工步（2）【2D 刀具路径-2D 挖槽】对话框中单击【刀具】选项，屏幕弹出【刀具】对话框，此对话框可以设置刀具及相关参数，如图 6-127 所示。

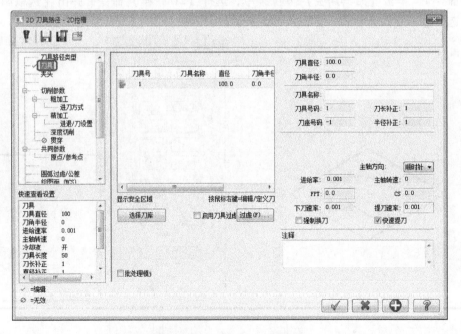

图 6-127　工步（2）刀具参数

步骤3.4　在刀具选项卡的空白处（刀具号码下面）单击鼠标右键，在弹出的快捷菜单中选择创建新刀具选项，弹出【定义刀具】对话框，如图6-128所示。

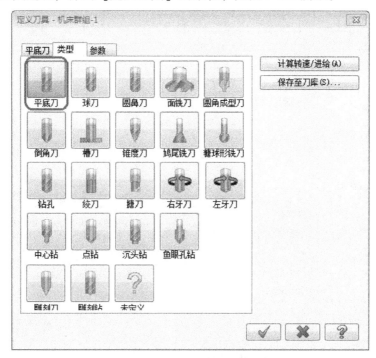

图6-128　工步（2）新建刀具

步骤3.5　选取【刀具类型】为【平底刀】，系统弹出【平底刀】选项卡，设置刀具直径为"14"，如图6-129所示，单击确定按钮 ，完成设置。

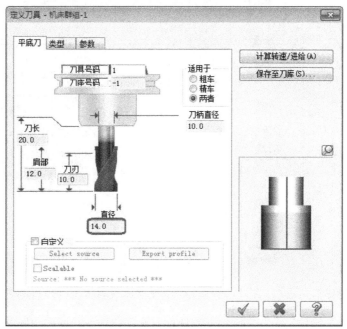

图6-129　工步（2）定义刀具

步骤3.6 在【刀具参数】选项卡中设置相关参数，如进给速率、主轴转速等，如图6-130所示。

图6-130 工步（2）相关工艺参数

步骤3.7 在工步（2）【2D刀具路径-2D挖槽】对话框中单击【切削参数】选项，系统弹出【切削参数】对话框，设置相关切削参数，如图6-131所示。

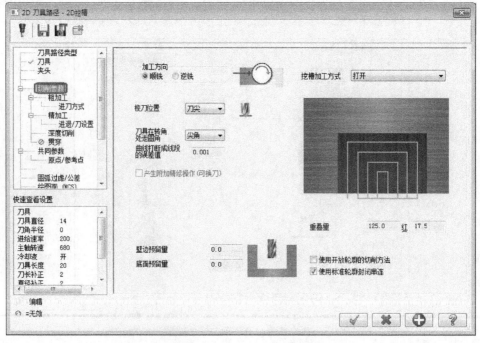

图6-131 工步（2）切削参数

步骤 3.8 在工步（2）【2D 刀具路径-2D 挖槽】对话框中单击【粗加工】，系统弹出【粗加工】设置对话框，这里选取【等距环切】加工方式，如图 6-132 所示。

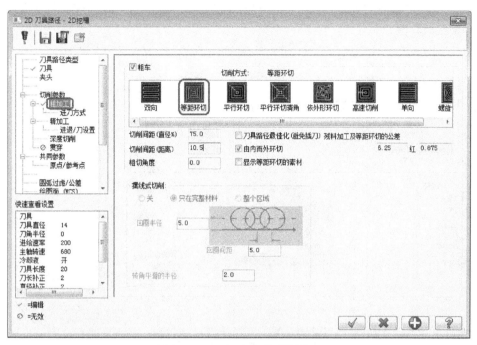

图 6-132 工步（2）挖槽粗加工

步骤 3.9 在工步（2）【2D 刀具路径-2D 挖槽】对话框中单击【进刀方式】，系统弹出【进刀方式】设置对话框，主要用来设置粗切削进刀参数，这里关闭进刀模式，如图 6-133 所示。

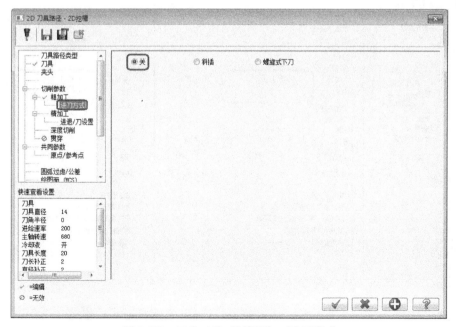

图 6-133 工步（2）挖槽粗加工进刀模式

步骤3.10 在工步（2）【2D刀具路径-2D挖槽】对话框中单击【精加工】，系统弹出【精加工】设置对话框，主要用来设置精加工参数，如图6-134所示。

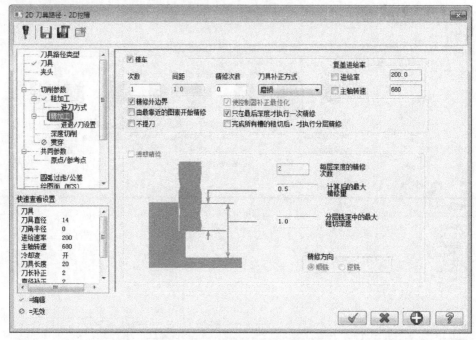

图6-134 工步（2）挖槽精加工

步骤3.11 在工步（2）【2D刀具路径-2D挖槽】对话框中单击【进退/刀设置】，系统弹出【进退/刀设置】设置对话框，主要用来设置进退/刀方式，如图6-135所示。

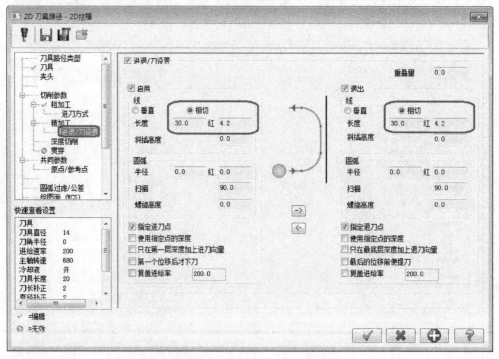

图6-135 工步（2）进退/刀参数

步骤 3.12　在工步（2）【2D 刀具路径-2D 挖槽】对话框中单击【深度切削】，系统弹出【深度切削】设置对话框，主要用来设置深度方向上的切削参数，如图 6-136 所示。

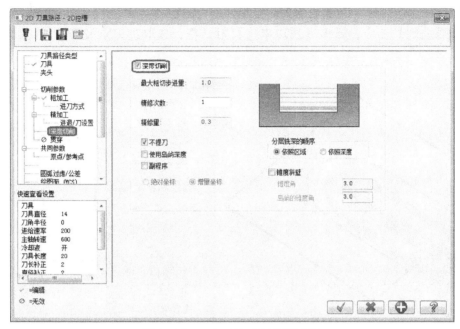

图 6-136　工步（2）深度切削参数

步骤 3.13　在工步（2）【2D 刀具路径-2D 挖槽】对话框中单击【共同参数】，系统弹出【共同参数】设置对话框，设置相关参数，如图 6-137 所示。

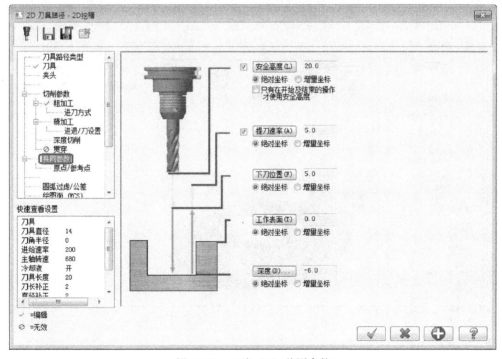

图 6-137　工步（2）共同参数

步骤 3.14　单击确定按钮 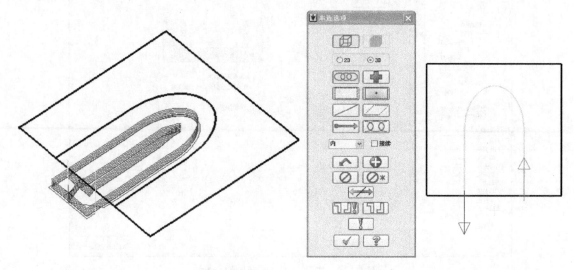，系统生成工步（2）挖槽刀具路径，如图 6-138 所示。

步骤 4　工步（3）操作步骤。

步骤 4.1　按"Alt + T"组合键关闭工步（2）刀具路径，单击【刀具路径】下拉菜单，选择【外形铣削】命令，弹出【选取串连】对话框，选取进刀点及开放槽，如图 6-139 所示。

图 6-138　工步（2）生成刀具路径　　　　图 6-139　工步（3）选取串连

步骤 4.2　单击确定按钮 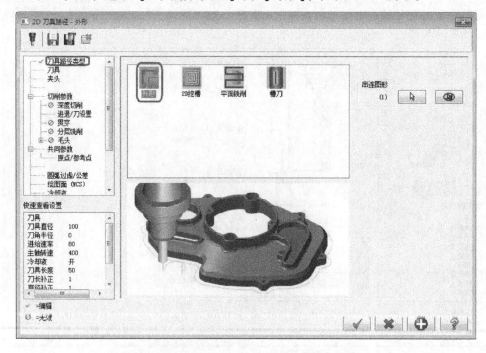，系统弹出【2D 刀具路径-外形】对话框，该对话框用来选取 2D 加工类型，选取【刀具路径类型】为【外形】，如图 6-140 所示。

图 6-140　工步（3）等高外形铣削刀具路径

步骤4.3　在工步（3）【2D刀具路径-外形】对话框中单击【刀具】选项，屏幕弹出【刀具】对话框，此对话框可以设置刀具及相关参数，仍旧采用工步（2）所使用的D14平底刀，设置相关工艺参数，如图6-141所示。

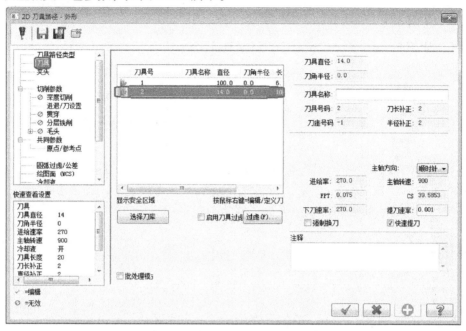

图6-141　工步（3）相关工艺参数

　　步骤4.4　在工步（3）【2D刀具路径-外形】对话框中单击【切削参数】选项，系统弹出【切削参数】对话框，该对话框用来设置补正类型、补正方向等切削参数，如图6-142所示。

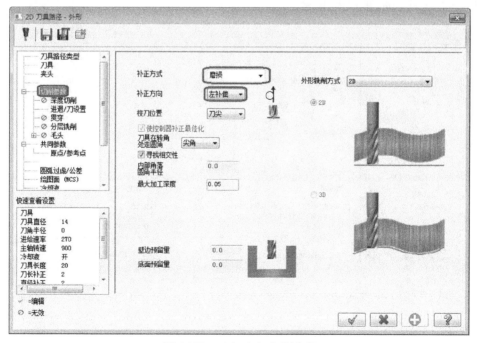

图6-142　工步（3）切削参数

步骤4.5 在工步（3）【2D刀具路径-外形】对话框中单击【深度切削】选项，系统弹出【深度切削】对话框，该对话框用来设置深度分层、最大粗切步进量等参数，如图6-143所示。

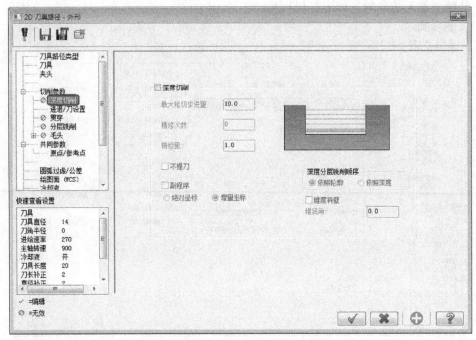

图6-143 工步（3）深度切削参数

步骤4.6 在工步（3）【2D刀具路径-外形】对话框中单击【进退/刀设置】选项，系统弹出【进退/刀设置】对话框，该对话框主要用来设置进刀和退刀参数，这里选用直线切入和直线退出方式，如图6-144所示。

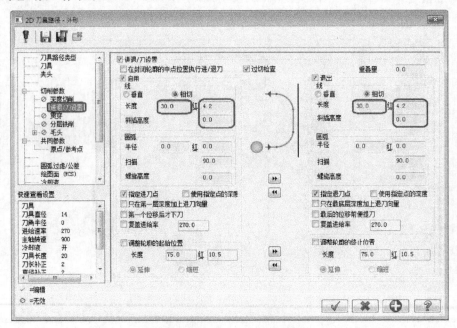

图6-144 工步（3）进退刀参数

步骤4.7 在工步（3）【2D刀具路径-外形】对话框中单击【共同参数】选项，系统弹出【共同参数】对话框，设置相关共同参数，如图6-145所示。

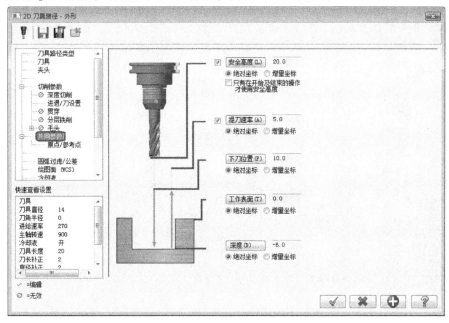

图6-145 工步（3）共同参数

步骤4.8 按确定按钮，系统生成工步（3）外形铣削刀具路径，如图6-146所示。

步骤5 工步（4）操作步骤。

步骤5.1 在刀具路径管理器中选中前面创建的【3-外形（2D）】刀具路径，在旁边空白处单击鼠标右键，选择【复制】，再次单击鼠标右键选择【粘贴】，产生一相同刀具路径【4-外形（2D）】，如图6-147所示。

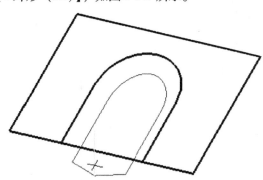

图6-146 工步（3）生成刀具路径

图6-147 工步（4）复制粘贴刀具路径

步骤5.2 在刀具路径管理器中选中【4-外形（2D）】刀具路径，单击【参数】选项，系统弹出【2D刀具路径-外形】对话框，选择【刀具】选项，并在【刀具】参数选项卡的空白处单击鼠标右键，在弹出的菜单中选择【创建新刀具】，如图6-148所示，此时系统弹出【定义刀具】对话框，如图 6-149 所示，选取刀具类型为【倒角刀】，系统弹出【倒角刀】选项卡，如图 6-150 所示。

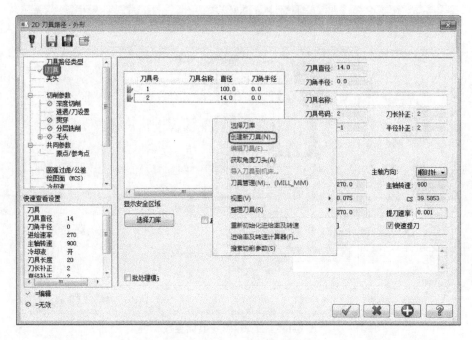

图 6-148　工步（4）刀具参数

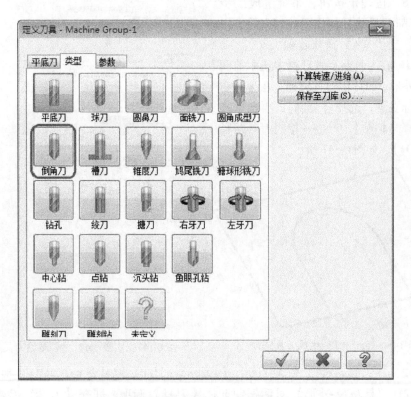

图 6-149　工步（4）新建刀具

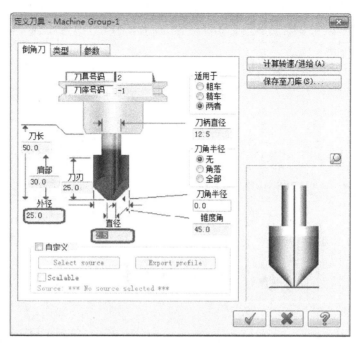

图 6-150 工步（4）定义刀具

步骤 5.3 单击确定按钮 ✓，设置倒角刀相关工艺参数，如图 6-151 所示。

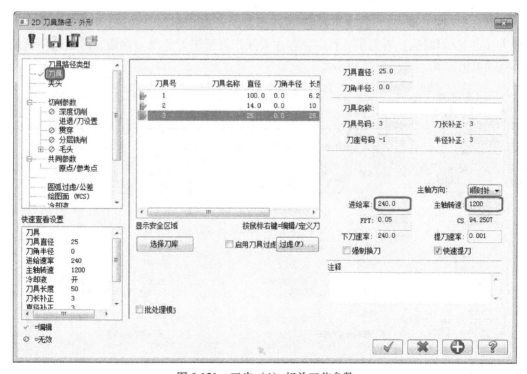

图 6-151 工步（4）相关工艺参数

步骤 5.4 在工步（4）【2D 刀具路径-外形】对话框中单击【切削参数】选项，系统弹出【切削参数】对话框，该对话框用来设置补正方式、补正方向等切削参数，如图 6-152

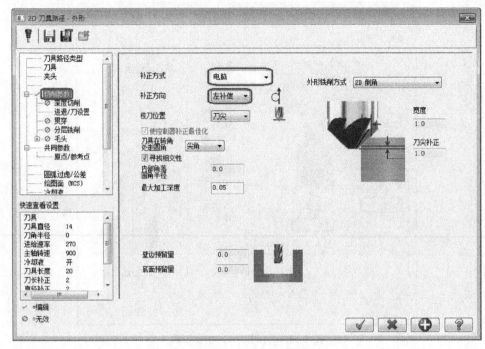

图 6-152 工步（4）切削参数

所示。

步骤5.5 在工步（4）【2D 刀具路径-外形】对话框中单击【进退/刀设置】选项，系统弹出【进退/刀路径】对话框，该对话框主要用来设置进刀和退刀参数，这里选用直线切入和直线退出方式，如图 6-153 所示。

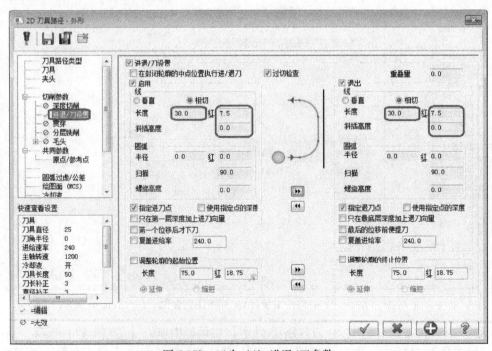

图 6-153 工步（4）进退/刀参数

步骤5.6 在工步（4）【2D 刀具路径-外形】对话框中单击【共同参数】选项，系统弹出【共同参数】对话框，设置相关共同参数，如图 6-154 所示。

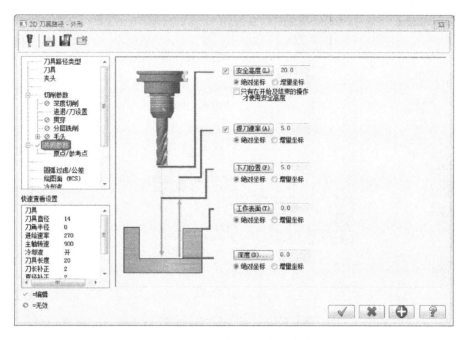

图 6-154 工步（4）共同参数

步骤5.7 按确定按钮，系统生成工步（4）外形铣削刀具路径，如图 6-155 所示。

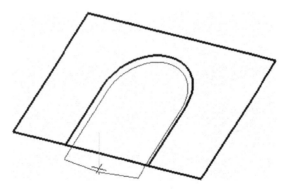

图 6-155 工步（4）生成刀具路径

步骤6 工步（5）操作步骤。

工步（5）操作过程具体参见本项目工步（1）操作步骤，实际加工时测量零件厚度，根据测量结果修改共同参数里的加工深度，如图 6-156 所示，其余操作与工步（1）完全相同，等平面铣完后再进行其他刀具对刀。

步骤7 工步（6）操作步骤。

步骤7.1 单击【刀具路径】下拉菜单，选择【外形铣削】命令，弹出【串连选项】对话框，选取进刀点及外轮廓，箭头方向为刀具前进的方向，如图 6-157 所示。

步骤7.2 单击确定按钮，系统弹出【2D 刀具路径-外形】对话框，该对话框用来选取

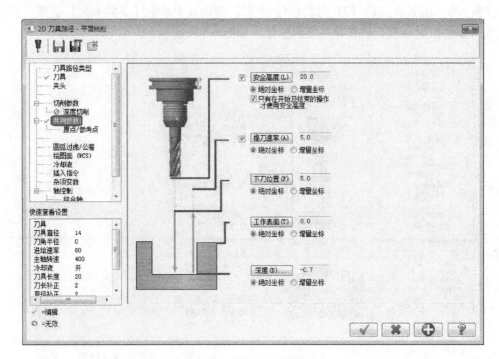

图 6-156　工步（5）共同参数

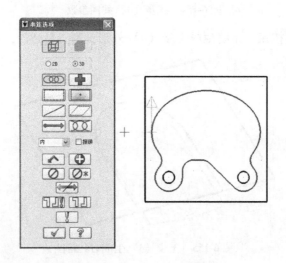

图 6-157　工步（6）选取串连

2D 加工类型，选取【刀具路径类型】为【外形】，如图 6-158 所示。

步骤 7.3　在工步（6）【2D 刀具路径-外形】对话框中单击【刀具】选项，系统弹出【刀具】对话框，此对话框可以设置刀具及相关参数，如图 6-159 所示。

步骤 7.4　在刀具选项卡的空白处（刀具号码下面）单击鼠标右键，在右键菜单中选择新建刀具选项，弹出【定义刀具】对话框，如图 6-160 所示。

步骤 7.5　选取【刀具类型】为【平底刀】，系统弹出【平底刀】选项卡，设置刀具直径为"14"，如图 6-161 所示，单击确定按钮 ，完成设置。

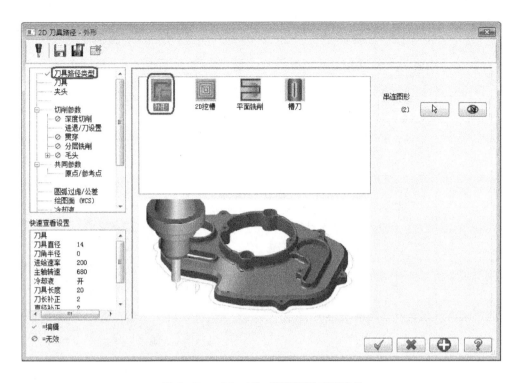

图 6-158　工步（6）外形铣削刀具路径

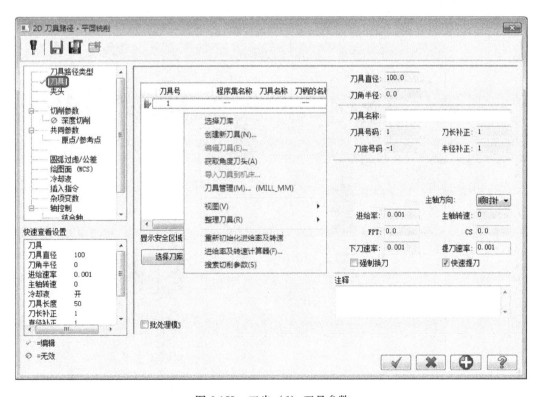

图 6-159　工步（6）刀具参数

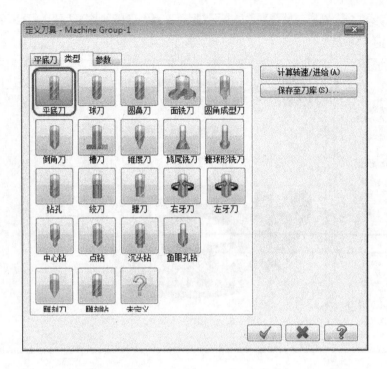

图 6-160　工步（6）新建刀具

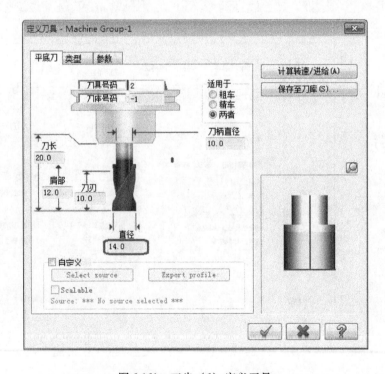

图 6-161　工步（6）定义刀具

步骤7.6 在"刀具参数"选项卡中设置相关参数，如进给速率、主轴转速等，如图 6-162所示。

图 6-162　工步（6）相关工艺参数

步骤7.7 在工步（6）【2D 刀具路径-外形】对话框中单击【切削参数】选项，系统弹出 【切削参数】对话框，该对话框用来设置补正方式、补正方向等切削参数，如图 6-163 所示。

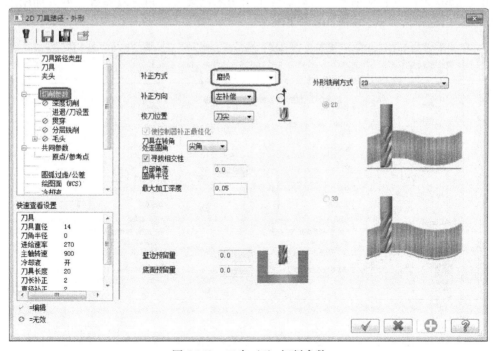

图 6-163　工步（6）切削参数

步骤7.8　在工步（6）【2D刀具路径-外形】对话框中单击【深度切削】选项，系统弹出【深度切削】对话框，该对话框用来设置深度分层、最大粗切步进量等参数，如图6-164所示。

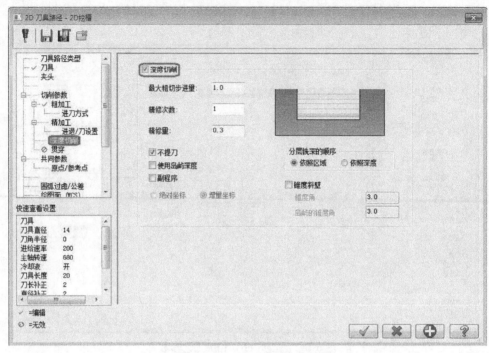

图6-164　工步（6）深度切削参数

步骤7.9　在工步（6）【2D刀具路径-外形】对话框中单击【进退/刀设置】选项，系统弹出【进退/刀设置】对话框，该对话框主要用来设置进刀和退刀参数，本例选用圆弧切入和圆弧退出进退刀方式，如图6-165所示。

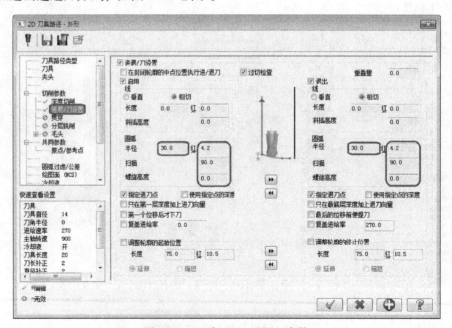

图6-165　工步（6）进退刀参数

步骤 **7.10** 在工步（6）【2D 刀具路径-外形】对话框中单击【分层铣削】选项，系统弹出【分层铣削】对话框，该对话框用来设置外形分层的次数及刀具间距，如图 6-166 所示。

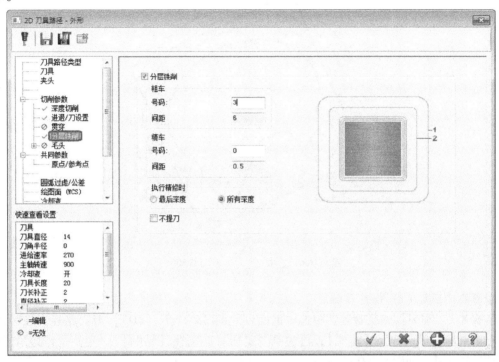

图 6-166 工步（6）分层铣削

步骤 **7.11** 在工步（6）【2D 刀具路径-外形】对话框中单击【共同参数】选项，系统弹出【共同参数】对话框，该对话框用来设置 2D 刀具路径共同参数，如图 6-167 所示。

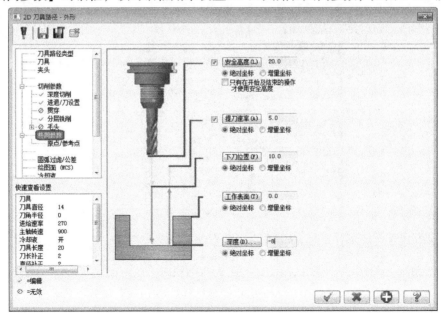

图 6-167 工步（6）共同参数

步骤7.12 单击确定按钮 ，系统根据设置的参数，生成刀具路径，如图6-168所示。

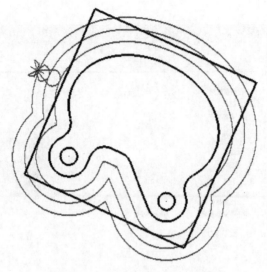

图6-168 工步（6）生成刀具路径

步骤8 工步（7）操作步骤。

步骤8.1 在刀具路径管理器中选中前面创建的【2-外形（2D）】刀具路径，在旁边空白处单击鼠标右键，选择【复制】，再次单击鼠标右键选择【粘贴】，产生一相同刀具路径【3-外形（2D）】，如图6-169所示。

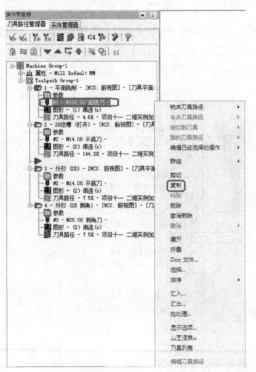

图6-169 工步（7）复制粘贴刀具路径

步骤8.2　在刀具路径管理器中选中【3-外形（2D）】刀具路径，单击【参数】选项，系统弹出【2D刀具路径-外形】对话框，刀具路径类型与工步（6）相同，选择【刀具】选项，修改相关工艺参数，如图6-170所示。

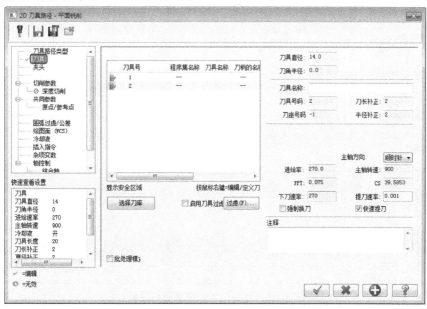

图6-170　工步（7）相关工艺参数

步骤8.3　在工步（7）【2D刀具路径-外形】对话框中单击【切削参数】选项，系统弹出【切削参数】对话框，设置切削参数，如图6-171所示。

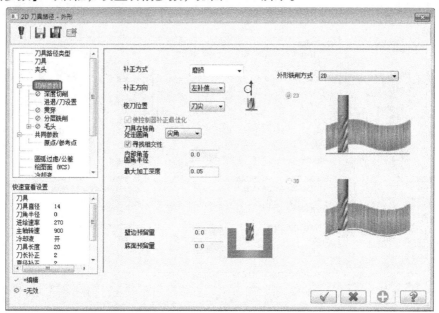

图6-171　工步（7）切削参数

步骤8.4　在工步（7）【2D刀具路径-外形】对话框中单击【深度切削】选项，取消勾选【深度切削】选项，即深度一次加工，如图6-172所示。

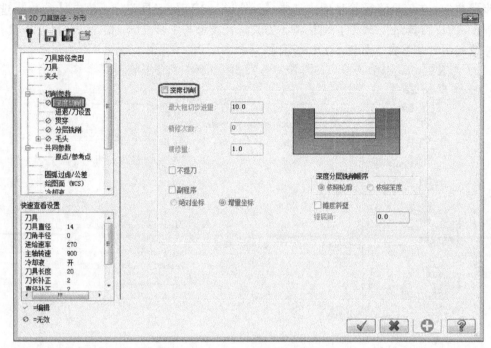

图 6-172　工步（7）深度切削参数

步骤 8.5　在工步（7）【2D 刀具路径-外形】对话框中单击【进退/刀设置】选项，设置进退/刀参数，如图 6-173 所示。

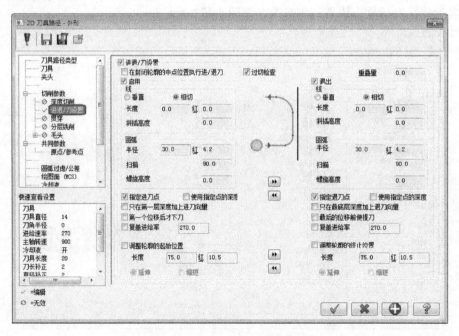

图 6-173　工步（7）进退刀参数

步骤 8.6　在工步（7）【2D 刀具路径-外形】对话框中单击【分层切削】选项，系统弹出【分层切削】对话框，关闭分层切削功能，如图 6-174 所示。

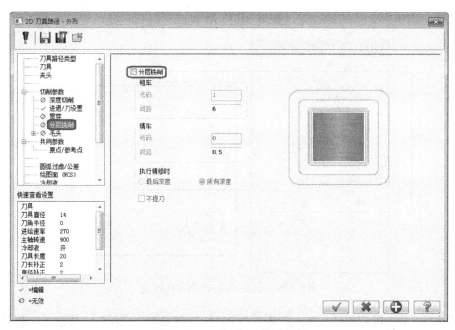

图 6-174　工步（7）分层切削

步骤 8.7　在工步（7）【2D 刀具路径-外形】对话框设置【共同参数】，如图 6-175 所示，单击确定按钮 ，生成工步（7）刀具路径，图略。

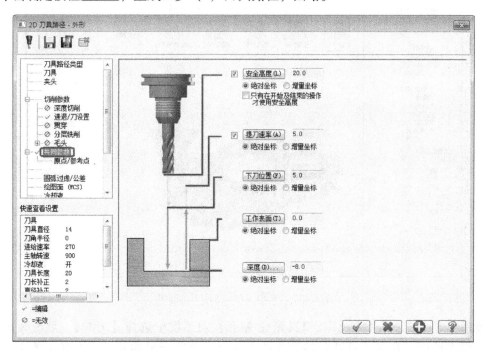

图 6-175　工步（7）共同参数

步骤 9　工步（8）操作步骤。

步骤 9.1　单击【刀具路径】下拉菜单，选择【钻孔】命令，系统弹出【选取钻孔的点】对话框，选中两个孔的圆心点，如图 6-176 所示。

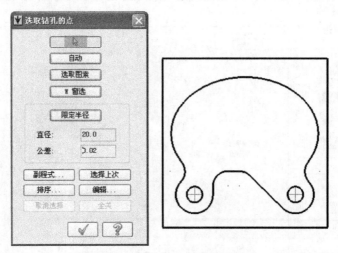

图 6-176　工步（8）选取钻孔的点

步骤 9.2　单击确定按钮 <u>　✓　</u>，系统弹出【2D 刀具路径-钻孔】对话框，选择刀具路径类型为【钻孔】，如图 6-177 所示。

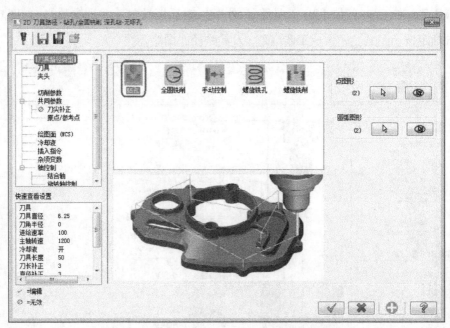

图 6-177　工步（8）钻孔刀具路径

步骤 9.3　在工步（8）【2D 刀具路径-钻孔】对话框中选择【刀具】，系统弹出【刀具】设置对话框，并在【刀具】参数选项卡的空白处单击鼠标右键，在弹出的菜单中选择【创建新刀具】选项，如图 6-178 所示，此时系统弹出【定义刀具】对话框，如图 6-179所示，选取刀具类型为【中心钻】，系统弹出【中心钻】选项卡，单击确定按钮 <u>　✓　</u>，如图6-180所示。

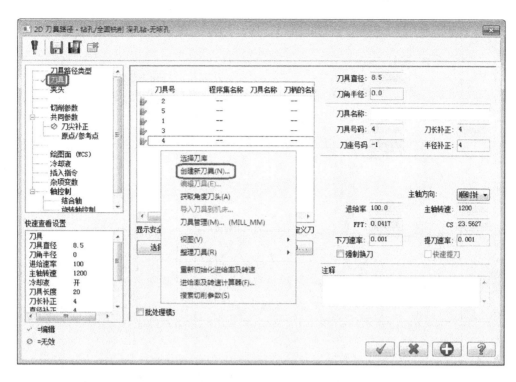

图 6-178 工步（8）刀具参数

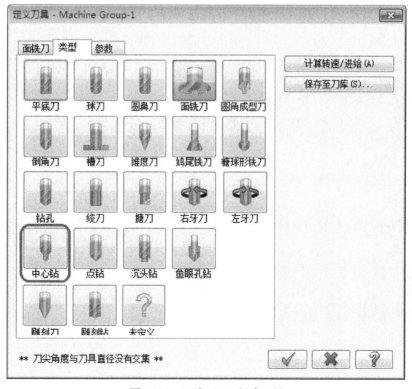

图 6-179 工步（8）新建刀具

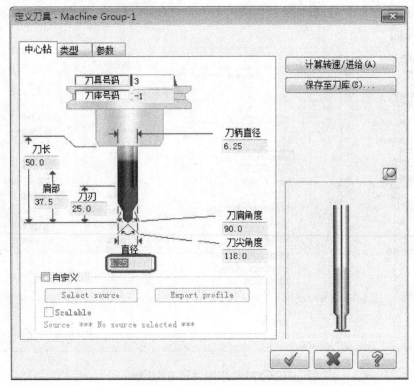

图6-180　工步（8）定义刀具

步骤9.4　在【刀具】参数选项卡中设置进给率、主轴转速等相关参数，如图6-181所示。

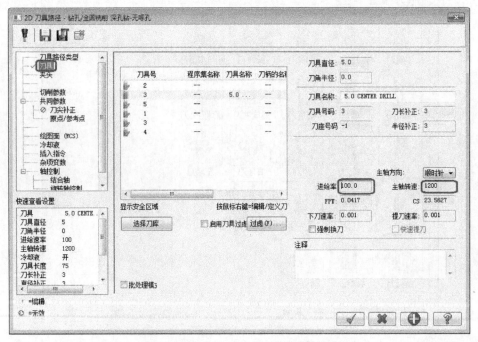

图6-181　工步（8）相关工艺参数

步骤9.5 在工步（8）【2D 刀具路径-钻孔】对话框中单击【切削参数】选项，设置切削参数，如图 6-182 所示。

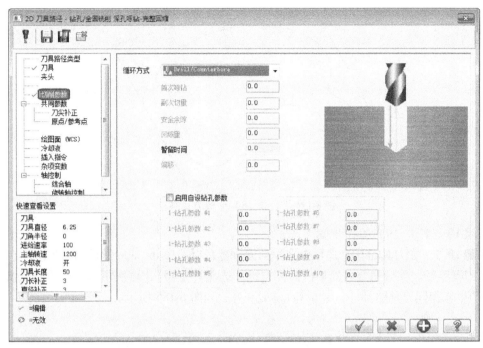

图 6-182 工步（8）切削参数

步骤9.6 在工步（8）【2D 刀具路径-钻孔】对话框中单击【共同参数】选项，设置共同参数，如图 6-183 所示。

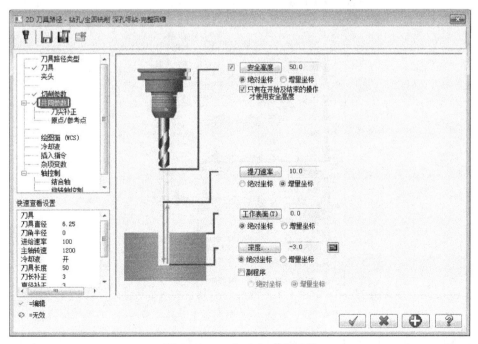

图 6-183 工步（8）共同参数

步骤9.7 单击确定按钮 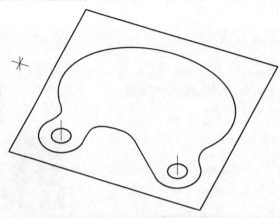 ，生成钻中心孔刀具路径，如图6-184所示。

图6-184 工步（8）生成刀具路径

步骤10 工步（9）操作步骤。

步骤10.1 在刀具路径管理器中选中前面创建的【4-Drill/Counterbore】即工步（8）钻中心孔刀具路径，在旁边空白处单击鼠标右键，选择【复制】，再次单击鼠标右键选择【粘贴】，产生一相同刀具路径【5-Drill/Counterbore】，如图6-185所示。

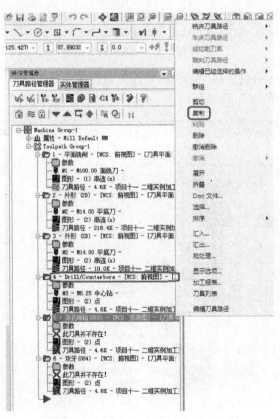

图6-185 工步（9）复制粘贴刀具路径

步骤10.2 单击【5-Drill/Counterbore】中的【参数】，系统弹出【2D刀具路径-钻孔】

对话框，单击对话框中的【刀具】选项，系统弹出刀具参数设置对话框，并在【刀具】参数选项卡的空白处单击鼠标右键，在弹出的菜单中选择【创建新刀具】选项，如图6-186所示，此时系统弹出【定义刀具】对话框，如图6-187所示，选取刀具类型为【钻孔】，系统弹出【钻孔】刀具选项卡，在【直径】文本框里输入麻花钻直径"8.5"，单击确定按钮

，如图6-188所示。

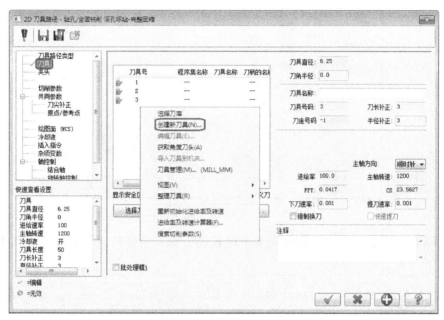

图6-186　工步（9）刀具参数

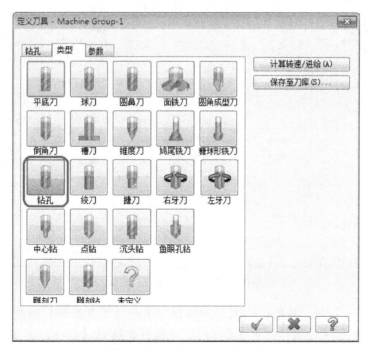

图6-187　工步（9）新建刀具

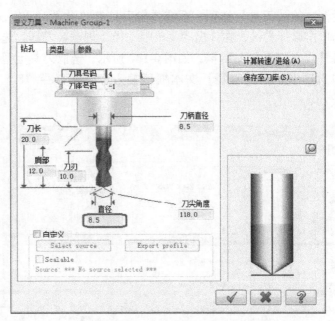

图 6-188　工步（9）定义刀具

步骤 10.3　在【刀具】参数选项卡中设置进给率、主轴转速等相关工艺参数，如图 6-189所示。

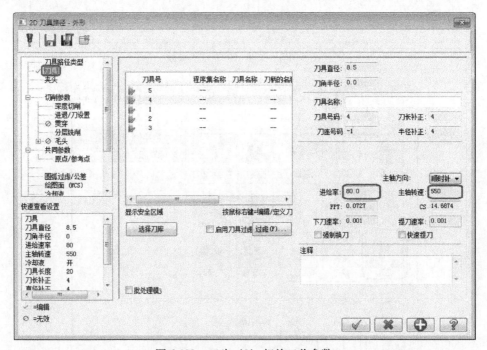

图 6-189　工步（9）相关工艺参数

步骤 10.4　在【2D 刀具路径-钻孔】对话框中单击【切削参数】选项，系统弹出【切削参数】对话框，选择【深孔啄钻（G83）】，并在首次啄钻【Peck】文本框里输入"5"，如图 6-190 所示。

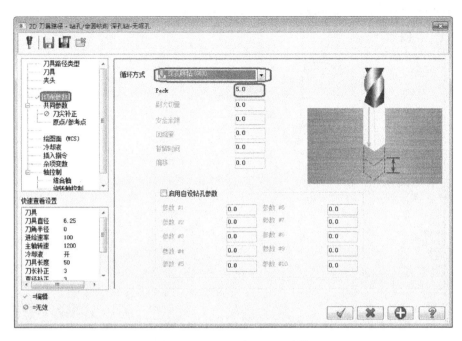

图 6-190 工步（9）切削参数

步骤 10.5 在【2D 刀具路径-钻孔】对话框中单击【共同参数】选项，系统弹出【共同参数】对话框，设置共同参数，如图 6-191 所示。

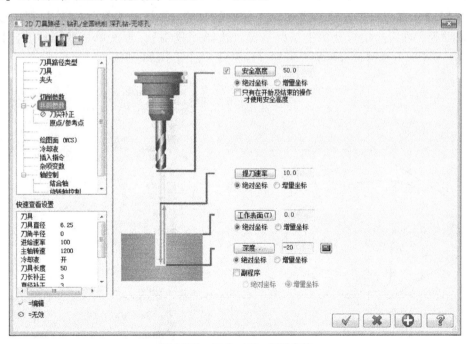

图 6-191 工步（9）共同参数

步骤 10.6 在【2D 刀具路径-钻孔】对话框中单击【补正方式】选项，系统弹出【补正方式】对话框，设置钻孔深度补偿参数，如图 6-192 所示。

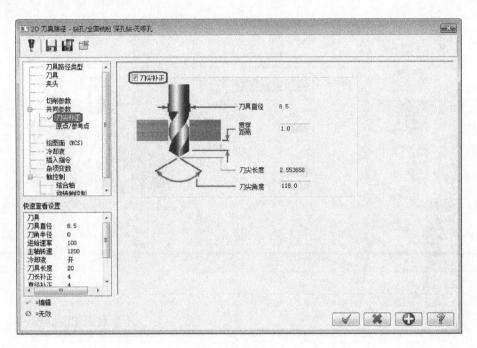

图 6-192 工步（9）补正方式

步骤 10.7 单击确定按钮 ，生成钻孔刀具路径，如图 6-193 所示。

步骤 11 工步（10）操作步骤。

步骤 11.1 在刀具路径管理器中选中前面创建的【5-深孔啄钻（G83）】即工步（9）钻孔刀具路径，在旁边空白处单击鼠标右键，选择【复制】，再次单击鼠标右键选择【粘贴】，产生一相同刀具路径【6-深孔啄钻（G83）】，如图 6-194 所示。

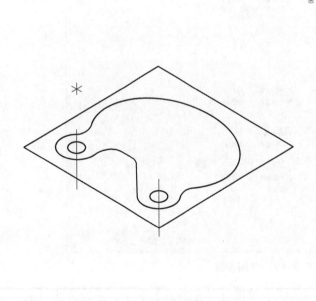

图 6-193　工步（9）生成刀具路径

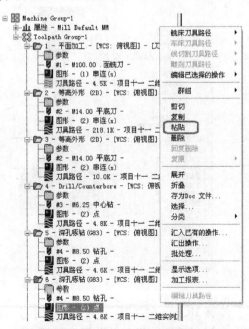

图 6-194　工步（10）复制粘贴刀具路径

步骤 **11.2**　单击【6-深孔啄钻（G83）】中的【参数】，系统弹出【2D 刀具路径-钻孔】对话框，单击对话框中的【刀具】选项，系统弹出刀具参数设置对话框，并在【刀具】参数选项卡的空白处单击鼠标右键，在弹出的菜单中选择【创建新刀具】选项，如图 6-195 所示，此时系统弹出【定义刀具】对话框，如图 6-196 所示，选取刀具类型为【右牙刀】，系统弹出【右牙刀】刀具选项卡，在【直径】文本框里输入"10"，单击确定按钮，如图 6-197 所示。

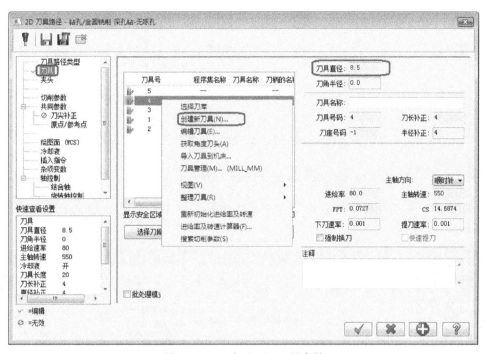

图 6-195　工步（10）刀具参数

图 6-196　工步（10）新建刀具

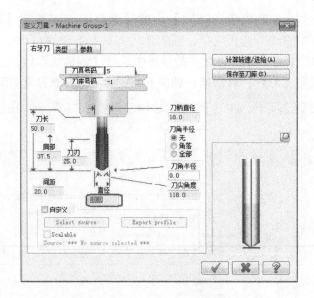

图 6-197　工步（10）定义刀具

步骤 11. 3　在"刀具"参数选项卡中设置进给率、主轴转速等相关工艺参数，如图 6-198 所示。

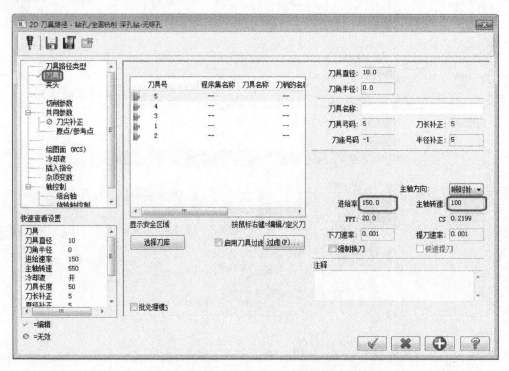

图 6-198　工步（10）相关工艺参数

步骤 11. 4　在【2D 刀具路径-钻孔】对话框中单击【切削参数】选项，系统弹出【切削参数】对话框，选择【攻牙（G84）】，如图 6-199 所示。

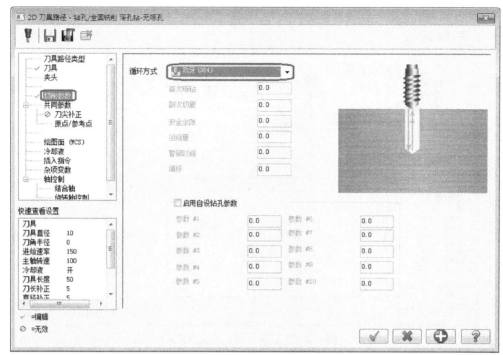

图 6-199　工步（10）切削参数

步骤 11.5　在【2D 刀具路径-钻孔】对话框中单击【共同参数】选项，系统弹出【共同参数】对话框，设置共同参数，如图 6-200 所示。

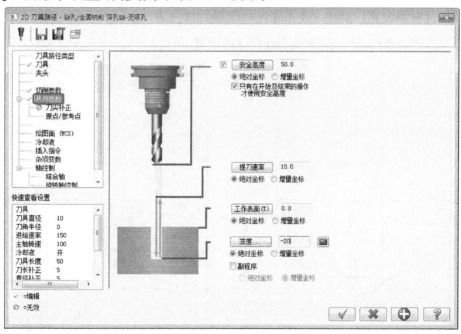

图 6-200　工步（10）共同参数

步骤 11.6　在【2D 刀具路径-钻孔】对话框中单击【补正方式】选项，系统弹出【补正方式】对话框，设置攻螺纹深度补偿参数，如图 6-201 所示。

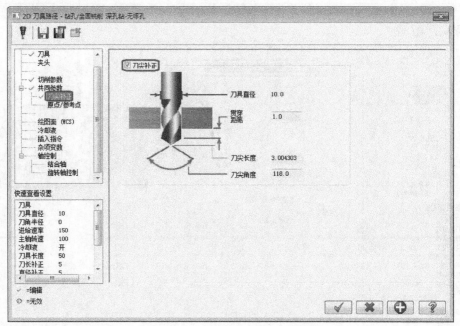

图 6-201　工步（10）补正方式

步骤 11.7　单击确定按钮 ✔ ，生成攻螺纹刀具路径，如图 6-202 所示。

步骤 12　设置毛坯尺寸。

在【刀具路径】管理器中单击【属性】→【材料设置】选项，弹出【机床群组属性】对话框，单击【材料设置】标签，打开【材料设置】选项卡，如图 6-203 所示，设置加工毛坯尺寸，单击确定按钮 ✔ ，完成毛坯尺寸的设置。

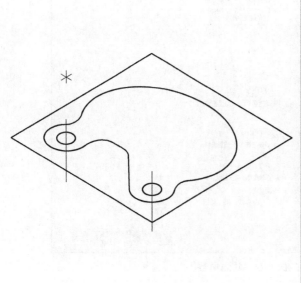

图 6-202　工步（10）生成刀具路径

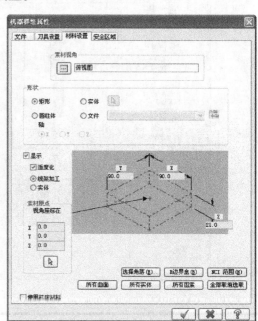

图 6-203　毛坯设置

步骤 13 刀具路径验证。

在【刀具路径】管理器中，单击【选择所有的操作】按钮，系统选中所有的刀具路径，再单击【验证已选择的操作】按钮，系统弹出【验证】对话框，在【验证】对话框中勾选【碰撞停止】选项，再单击【机床】按钮，系统模拟所选择的刀具路径，结果如图 6-204 所示，零件反面刀具路径验证方法与上述相同。

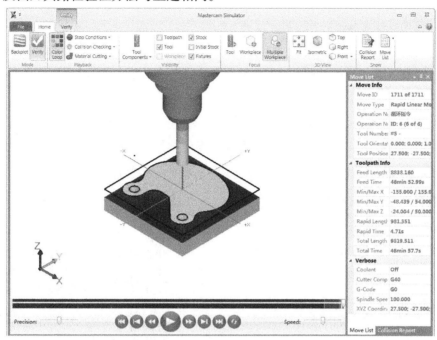

图 6-204　零件正面刀具路径验证

步骤 14 后处理生成程序清单。

步骤 14.1 在【刀具路径】管理器中，选中某一刀具路径，本项目以工步（9）钻孔为例，单击程序后处理按钮【G1】，系统弹出【后处理程序】对话框，完成相应设置，如图 6-205 所示，单击确定按钮，系统弹出输出部分的 NCI 文件提示信息，单击【否】表示仅输出所选择刀具路径的 NCI 文件。如果单击【是】，表示输出全部刀具路径的 NCI 文件。如图 6-206 所示。系统弹出【程序保存】对话框，用户选择程序保存路径，单击确定按钮，如图6-207 所示。系统自动弹出程序清单，如图 6-208 所示。

图 6-205　后处理程式设置

图 6-206　输出部分的 NCI 文件

图 6-207　程序保存路径

步骤 14.2　对自动生成的程序进行部分修改，修改后的程序如图 6-209 所示，其余刀具路径按上述方法同样可以完成。

```
%
00000 (项目十一  二维实例加工三正面钻孔)
(DATE=DD-MM-YY - 26-07-14 TIME=HH:MM - 20:54)
(MCX FILE - E:\书稿\项目十一\项目十一 二维实例加工三正面.MCX-5)
(NC FILE - E:\书稿\项目十一\NC\项目十一 二维实例加工三正面钻孔.NC)
(MATERIAL - ALUMINUM MM - 2024)
( T4 | ) H4 )
N100 G21
N102 G0 G17 G40 G49 G80 G90
N104 T4 M6
N106 G0 G90 G54 X-27.5 Y-27.5 A0. S550 M3
N108 G43 H4 Z50.
N110 G98 G83 Z-23.554 R10. Q5. F80.
N112 X27.5
N114 G80
N116 M5
N118 G91 G28 Z0.
N120 G28 X0. Y0. A0.
N122 M30
%
```

图 6-208　程序清单

```
%
00000
N100 G21
N102 G0 G17 G40 G49 G80 G90
N106 G0 G90 G54 X-27.5 Y-27.5   S550 M3
N108 G43 H4 Z50.
N110 G98 G83 Z-23.554 R10. Q5. F80.
N112 X27.5
N114 G80
N116 M5
N118 G91 G28 Z0.
N120 G28 X0. Y0.
N122 M30
%
```

图 6-209　修改后的程序清单

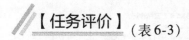【任务评价】（表 6-3）

表 6-3　项目实施评价表

序号	检测内容与要求	分值	自评（25%）	小组评价（25%）	教师评价（50%）
1	学习态度	5			
2	按要求设置工作环境，如所有图层，并将图素放入相应图层及视角设置等	5			
3	绘制二维轮廓，如图 6-112 所示	5			
4	合理选择铣床及毛坯	5			
5	合理选定刀具	5			
6	合理选定切削参数及共同参数	5			
7	反面进行平面铣削加工	5			
8	反面开放槽进行挖槽粗、粗加工，并倒角	5			

（续）

序号	检测内容与要求	分值	自评 （25%）	小组评价 （25%）	教师评价 （50%）
9	正面进行平面铣削加工，保证厚度	5			
10	正面外轮廓进行2D外形粗、精加工	5			
11	正面两个孔进行定位、钻孔及攻螺纹	5			
12	验证刀具路径的正确性及生成NC程序	5			
13	按指定文件名，上交至规定位置	5			
14	任务实施方案的可行性，完成的速度	10			
15	小组合作与分工	5			
16	学习成果展示与问题回答	10			
17	安全、规范、文明操作	10			
总分		100	合计：		
问题记录和 解决方法	实施中出现的问题和采取的解决方法				

参 考 文 献

[1] 钟日铭. Mastercam X6 基础教程 ［M］. 北京：人民邮电出版社，2013.

[2] 詹友刚. Mastercam X6 数控编程教程 ［M］. 北京：机械工业出版社，2013.

[3] 张云杰，张云静. Mastercam X5 中文版从入门到精通 ［M］. 北京：清华大学出版社，2013.

[4] 杨志义. Mastercam X5 边学边练基础教程 ［M］. 北京：机械工业出版社，2013.

[5] 刘玉春. CAD/CAM 数控编程项目教程 ［M］. 北京：北京大学出版社，2013.

[6] 寇文化. Mastercam X5 数控编程技术实战特训 ［M］. 北京：电子工业出版社，2012.

[7] 蒋洪平. CAD/CAM 软件应用技术——Mastercam ［M］. 北京：北京理工大学出版社，2012.

[8] 孙凤霞. CATIA V5R20 基础实例教程 ［M］. 北京：机械工业出版社，2012.

[9] 上海江达科技发展有限公司. CATIA V5 基础教程 ［M］. 北京：机械工业出版社，2012.

[10] 王卫兵. Mastercam 数控编程实用教程 ［M］. 北京：清华大学出版社，2011.

[11] 田坤. Mastercare 数控编程与项目实训 ［M］. 北京：机械工业出版社，2011.

[12] 薛山，薛芳. Mastercam X5 基础教程 ［M］. 北京：清华大学出版社，2011.

[13] 何满才. Mastercam X4 基础教程 ［M］. 北京：人民邮电出版社，2010.

[14] 褚守云. Mastercam 项目式实训教程 ［M］. 北京：科学出版社，2010.

[15] 何满才. Mastercam X 习题精解 ［M］. 北京：人民邮电出版社，2007.